散步で見かける
樹木の見分け方図鑑

路樹散步圖鑑

搞不太清楚的樹、
認得出來就會很高興的樹

Iwatani Minae
岩谷美苗 / 著
邱香凝 / 譯

前言

我從事樹木醫生與森林導覽員的工作。雖然工作中經常需要針對樹木做出說明，卻發現大部分的人都對樹沒有興趣，一般人也不太理解樹木的事。畢竟義務教育中幾乎學不到與樹有關的課程，樹不會動，又不起眼，人們會覺得樹木無聊，也是沒辦法的事。可是，對樹木觀察得愈多，愈會發現樹木的生命非常有趣。我非常希望能將這種樂趣帶給大家，但是，對沒興趣的人說太多，只會讓對方愈來愈討厭樹而已。

因此，在本書中，我將先從各位可能聽過或特徵明顯的樹木開始，分成五個階段依序介紹。舉例來說，像是樹種名稱或樹葉特徵都和「柏樹」（譯注：日語發音為kashiwa，其中文名稱為「槲樹」）很像，所以名字以「柏葉」開頭的各種植物。以「和○○樹很像」的方式來介紹，讓大家容易產生親切感，或許也能開心地把這些樹種記住吧。

還有，一般人經常誤以為針葉樹「水杉」屬於豆科植物，也常有人說「分不清日本厚朴和日本七葉樹的不同」。這些都是描述得沒有想像中清楚，也沒有徹底比較過的緣故。所以，我在這本圖鑑中，會將「差異」的範圍設定得較廣泛，透過對不同葉片和果實的比較，讓大家更容易做出區分。解說時，我也盡可能減少專業術語，使用大家耳熟能詳的用語。或許文章中會不時加入我的主觀看法，可能會令人覺得「這本書真奇怪……」，其實都是為了博君一笑。

這本圖鑑收集的，大部分是種在路邊的行道樹。近年來，因為地球溫室效應，盛行種植南方系統的庭樹。我也試著挑選了幾種比較有新鮮感，認識以後會覺得很有趣的樹種。

另外，即使是熟悉樹木的人，也沒有太多機會能直接觸摸樹葉、樹皮或體驗其觸覺及味覺。本書中關於樹木氣味的說明，參考了不少曾經參加過我的講座，那些大小聽眾的意見及感想。希望各位也能實際去摸一摸、聞一聞路邊的樹木，一定會覺得很有意思。

即使是我，每天在同一條路上散步時，還是會有新的發現。那些生活中近在身邊的樹木，如果不特意去觀察，往往很難察覺它們的存在。其實，在城市中、街道旁有許多不同種類的樹，若是大家也能在散步時認識這些樹，那就太好了。

在製作這本書的過程中，承蒙東京都板橋區立赤塚植物園提供了許多資料；榎本園的園長賢伉儷也指導了各式各樣關於園藝樹木的資訊；還有協助提供照片、給予意見及感想的各位，在此致上感謝。

二〇二二年四月　岩谷美苗

目次

第4章 容易搞錯的樹

第5章 分得清楚這些樹就是專家

樹是會成長茁壯的生物

樹木會在同一個地方生活很長一段時間，是占據這個地方並成長茁壯的生物。從剛抽發的小嫩芽開始，花了幾十年、幾百年的時間慢慢長大。

會抽長的只有新生樹枝

會抽長的只有樹枝前端的新生部分，樹枝和樹幹都不會從中段抽長。樹枝分歧的位置幾乎不會改變。

年輪每年從外側一圈一圈地累加

樹葉是樹木的「收入來源」

來自樹葉的光合作用，就是樹木重要的「收入來源」。樹葉製造養分（糖類），這些養分會儲存在樹幹、樹枝和樹根。這些「儲蓄」能化為種子，或開出吸引昆蟲協助授粉的花，還能助長新枝、新葉與根。

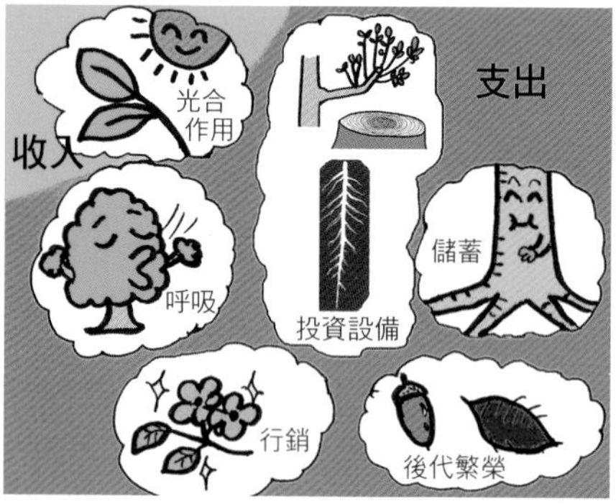

樹葉和樹根的作用

很多人對樹木的印象，可能都是「用樹根吸收養分」。樹根確實能夠吸收構成樹木主體的無機養分和水，但是，樹木無法光靠這些而存活。樹葉進行光合作用所轉化的糖分，對樹木的生長也非常重要。糖分（營養）主要由樹葉往下方運送。請試著用「由樹葉往下運送養分」的角度來觀察，樹木一方面從下方（根部）吸收無機養分和水分，一方面接收由上方（樹葉）往下運送的養分，其生長過程依靠的是雙方的平衡。

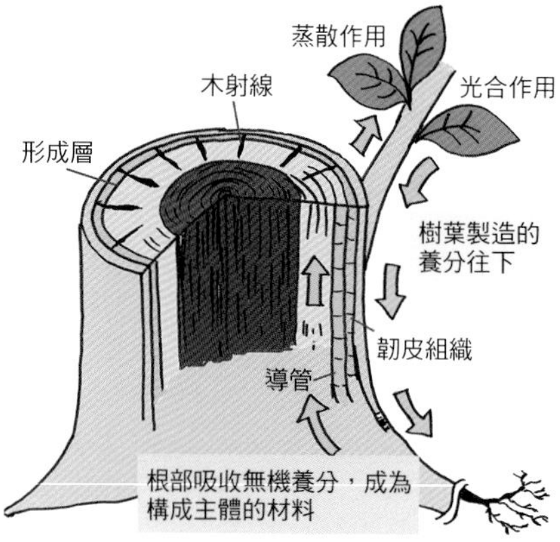

中空也能存活

在左邊的兩張照片中，右圖那棵樹的中央出現空洞，但形成層還在，所以不容易枯萎，今後還有機會繼續成長茁壯。

樹幹就算呈現中空狀也無所謂，最重要的是外側（形成層）還在。

相較之下，左圖那棵樹只是被剝去二十公分左右的樹皮（形成層），光是如此，這棵樹就會枯死。

即使只是幾公分厚度，只要剝除一圈形成層，由上方往下輸送的糖分就會中斷。對樹木來說，這是最大的弱點（但有些樹種的樹皮具有再生功能，那些則是例外）。

樹幹中空狀的樹

被剝掉一圈樹皮的樹木

樹枝採「獨立計算制」

綜觀一棵樹的樹枝，會發現有些樹枝生氣盎然，有些樹枝垂頭喪氣。明明在同一棵樹上，其發育狀況卻不盡相同。

或許有人認為「生氣盎然的樹枝可以把養分分給垂頭喪氣的樹枝」，其實這是做不到的。樹枝的養分是採「獨立計算制」，每根樹枝都靠自己枝頭生長的樹葉製造養分、維持活力，無法彼此共享。相對的，那些枝頭與葉片吸收不到日照的樹枝，就會逐漸枯萎。

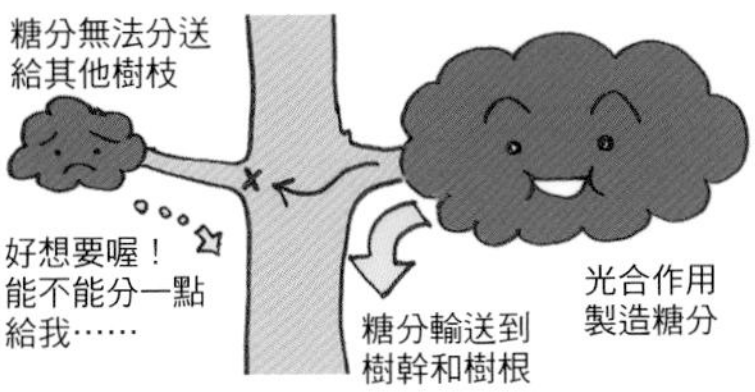

幹頭枝．分蘖枝的意思

從根部長出的枝枒稱為「分蘖枝」，從樹幹或幹頭長出的樹枝稱為「幹頭枝」。名稱的不同只在於長出的部位不同，長出的原因都一樣。由於樹葉量不夠，樹木為了應急，才會臨時從這些部位長出枝葉。

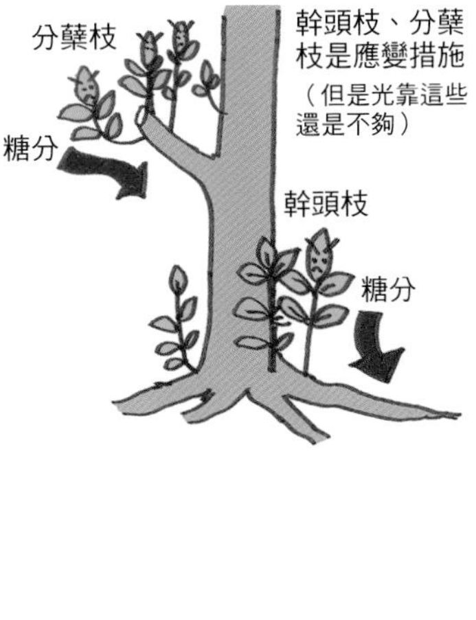

分蘖枝或幹頭枝在園藝觀念中，常被視為「難看」、「浪費養分」而遭到修剪。然而，剪除以後還會再長出來。分蘖枝和幹頭枝的出現，是因為現有的樹葉量無法製造足夠的養分，倘若把這些枝葉剪掉，樹本身的養分更加不足。只要一棵樹長出足夠的樹葉，太陽照不到根部，樹木自然不需要長出分蘖枝。

＊有些樹種特別容易長出分蘖枝和幹頭枝。生長在貧瘠或土壤容易流失之地的樹木，也會長出這些枝葉，成為一種「保障」。

分櫱枝可反覆再生

樹木經過砍伐後，如果長不出分櫱枝，本身就會枯死。要是能再長出新的分櫱枝，這棵樹就會從這個部位重新生長茁壯。以前，伐木業者砍伐樹木來製作薪炭，樹木經常在採伐與萌芽之間，不斷重複這些過程。以櫻樹來說，長出分櫱枝大約需要三年，就能再度開花。百日紅或黃瑞香等樹種，更是在砍伐的當年就會再開花。

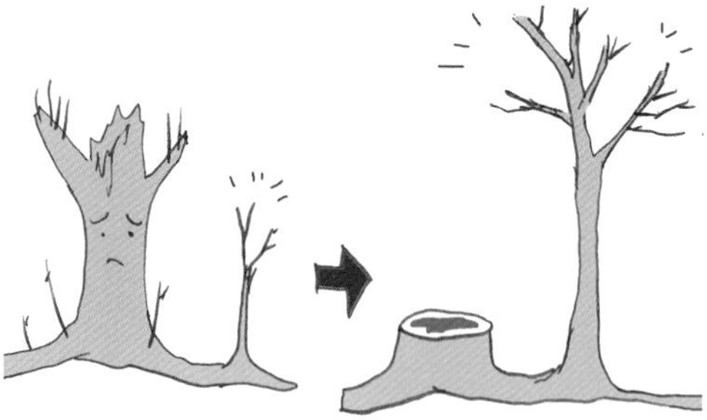

從砍伐後的樹墩長出的枝葉比較脆弱且容易折斷，最好選擇從根部長出的基枝，才能穩定長成大樹。

樹木在傾斜時如何保持自身平衡

樹木一旦倒下，就無法獲得充足的日照，也可能因而死亡。因此，樹木一旦傾斜，本身就必須保持平衡，防止再傾倒。針葉樹和闊葉樹維持平衡的方法不同，針葉樹的根部會朝傾倒的方向往下扎根，年輪的間距也會朝傾倒方向加寬，以用來支撐自身重量。這個支撐樹木重量的部位稱為「應力木」（或稱「偏心木」）。闊葉樹的應力木會出現在傾倒方向的相反側。（但不同樹木有其擅長製造應力木的方式，也有例外的情況）。

樹木本身支撐的重量很重，傾斜木為了「保持自身平衡」，會在某一側伸長根部。這時候，必須小心不能傷到這些樹根。

＊「年輪會朝南方變寬」是迷信。年輪的寬度與方位無關。

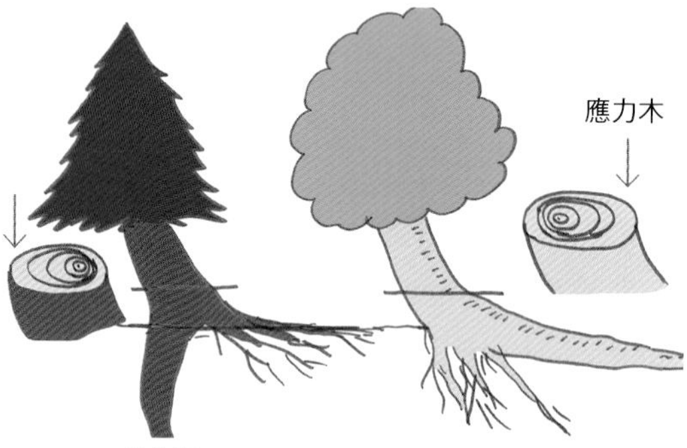

一旦滿足了一切條件

土壤、水分、陽光、溫度、空氣……當所有條件都符合植物生長的理想環境時，植物就會茁壯。你是不是也這麼認為？

其實正好相反，這種時候，植物反而長得不太好。在滿足了一切條件的環境中，植物的生命力會減弱。必須有適度的壓力，才能促進植物成長。當然，也不能給太大的壓力。

樹葉的複葉

世界上有各種形狀的樹葉，其中，在一根葉柄上長出複數葉片，然後形成一整片樹葉就稱為「複葉」。三片長在一起稱為「三出複葉」，超過五片的是「掌狀複葉」。葉柄兩端長出複數葉片，彷彿鳥的翅膀，稱為「羽狀複葉」。構成複葉的葉片稱為「小葉」。小葉的根部不會發芽，但羽狀複葉的根部會長出下一片葉子的新芽。複葉掉落時，有些樹種的小葉會全部掉落，有些則是分頭掉落。

經常有人提問：「為什麼樹木會長出這種葉子？」這是因為，一棵樹只要長出一片羽狀複葉，就能占據相當大的範圍。雖然不同樹種的情況不太一樣，但在春季，只要能長出這種複葉，底下就會形成樹蔭，抑制同一片土地上其他植物的生長。這種樹算是為了爭取到日照的「先下手為強」類型吧。不過，也有棉毛梣這樣與世無爭的樹木，所以不能一概而論。

羽狀複葉分成前端有葉片的「奇數羽狀複葉」和前端無葉片的「偶數羽狀複葉」。此外，也有同一枝葉柄上長出兩次或三次羽狀複葉的複雜葉形，稱為「二回羽狀複葉」，合歡或金合歡就是屬於此類。

單葉與羽狀複葉的落葉模式

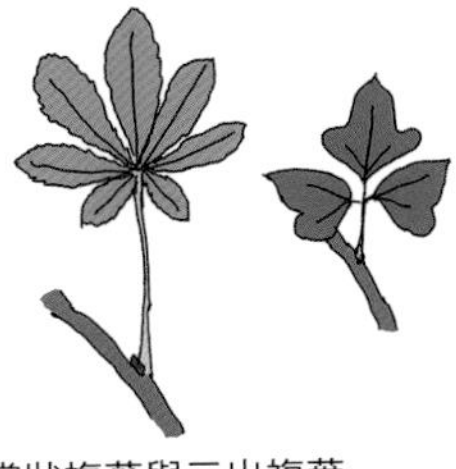
掌狀複葉與三出複葉

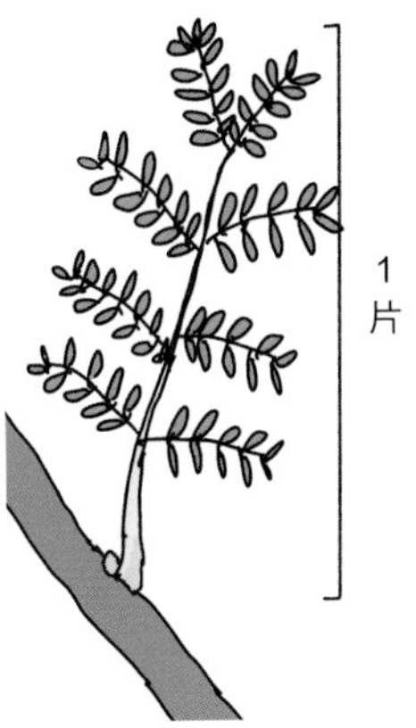

二回羽狀複葉

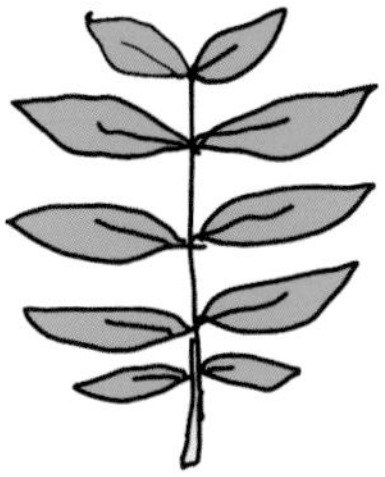
偶數羽狀複葉

奇數羽狀複葉

本書的使用方法

特徵圖示
以圖示表示觸感、氣味、有毒或無毒等特徵。

代表照片
挑選最能表現該植物特徵的照片。

科名
植物隸屬的科別。採用根據基因分類的APG分類系統。

植物名
該植物的中文名稱、學名，或常用的名稱、總稱。

類似的樹木
作者說明「經常搞混」或「沒想到這麼像！」的樹木。

用樹葉與果實分辨
以樹葉或果實的照片，標記分辨時的重點。

補充照片
花、樹皮、樹形及加工產品等照片。

樹木雜學
植物特徵、名稱由來、觀察活動參加者的感想等等，增加賞樹樂趣的雜學知識。

其他類似的樹木
除了上述「類似的樹木」外，如為本書提到的樹木，會標示其出現的頁數。

詳細資訊

學　名 以歐洲學術通用語拉丁文標記的國際共通名稱。
中文名稱 以慣用名稱標記。
別　名 於各地的名稱等等。
分　類 A闊葉樹（葉片形狀扁平的被子植物）／針葉樹（葉片形狀細尖的裸子植物）※銀杏為非針葉樹的裸子植物。
B常綠樹（多半擁有能持續生長一年以上的樹葉）／落葉樹（葉片於一年內掉落）。
C喬木（樹高八公尺以上）／小喬木（介於喬木與灌木之間）／灌木（樹高三公尺以下）／小灌木（樹高一公尺以下）
D雌雄異株（雌花與雄花分別生長在不同的植株上）／雌雄同株（雌花與雄花長在同一棵植株上。又分同花和異花）。
英文名稱 一般英文標記。
開花期 開花的時期，受地區氣候影響。
結果期 結果的時期，受地區氣候影響。
植栽地・棲息地 大量種植的場所或在地自生的場所。
原產地 外來種原本的產地。
原生地 日本在地種自然生長的地區。
人為散布 透過植栽等方式人為散布的地區。
用　途 該樹木的主要用途。關於植物的食用或藥用的說明，未有醫學上的保證，請多加注意。

第 1 章
雖然有名，但搞不太清楚的樹

松科

赤松、黑松

開花一年後的松果（毬果）。松果需要一年半左右的時間成熟。

DATA

Pinus densiflora（赤松）
Pinus thunbergii（黑松）

中文名稱	松樹（赤松、黑松）
別　名	雌松、雄松
分　類	針葉樹／常綠樹／喬木／雌雄同株・異花
英文名稱	Red Pine、Black Pine
開花期	4～6月
結果期	10～12月
植栽地・棲息地	公園、學校、寺廟神社、山脊（赤松）、海岸（黑松）
原生地	黑松　日本東北～九州沿岸地帶 赤松　日本北海道南部～九州
人為散布	北海道南部～九州、台灣
用　途	種植為庭院樹木、防風林。木材可做建材及家具、地板材等。樹脂可做成松脂、松香油等。

黑松樹皮

赤松樹皮

因為太喜歡陽光，就變成這樣了

對松樹而言，最重要的就是沐浴在陽光下。它的針狀葉可以三百六十度吸收日光。即使生長環境是其他樹木不喜的乾燥山脊或岩石地形，松樹也因為獲得充足的日照，可以長得茂盛健康。

它那帶有翅膀的種子，並不會直接落在樹木下方的樹蔭處，而是遠飛到受光區域；含有種子的松果會在下雨天閉合，到晴天再打開。

很多松樹是赤松和黑松的交種。

種子發芽

用青嫩毬果製成的松果醬

松科

日本五葉松（姬小松）

葉片與毬果。帶有翅膀的種子嵌在鱗片之中。

以五片葉子為一組，所以稱為五葉松。葉片短而密集。

變種姬小松是常見的庭園植栽。

松科

喜瑪拉雅雪松

第一年的年輕毬果。第二年成熟後就會紛紛掉落。

日文漢字雖然寫成「杉」，其實是松樹的一種；它也是印度教的聖木。在秋季散播花粉。一般的松葉酵素都使用普通松葉製作，其原料也可以選用喜瑪拉雅雪松。

喜瑪拉雅雪松酵素，還滿好喝的。

松科

大王松

葉子很長

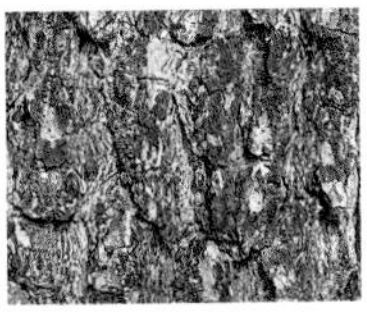

樹皮

原產於美洲。別名長葉松，三片長葉為一組的三葉松。就連松果也是美國尺寸。

用樹葉與果實分辨

大王松
在北美洲還有其他類似的大松果，為什麼會這麼大呢？原因成謎。

喜瑪拉雅雪松
有翅膀的種子與鱗片交互重疊。尖端部分有「雪松玫瑰」之稱，備受歡迎。

日本五葉松（姬小松）
松果的鱗片令人聯想到玫瑰花的花瓣。

赤松
約5公分大小的松果裡嵌有會飛的種子。需要一年半的時間成熟。

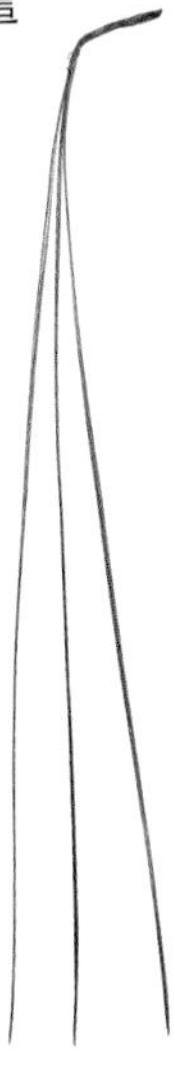

大王松
長形葉子三支一組。生長狀況良好時，也會出現四支一組的葉子。

喜瑪拉雅雪松
新葉顏色泛白，有長有短。

日本五葉松（姬小松）
短短的五支一組樹葉。

黑松
尖銳筆直的葉片，兩支一組。

赤松
兩支一組的葉子，葉片細長柔軟，碰觸或按壓會彎曲。

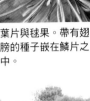

看起來像花瓣的部位是花萼，正中央開著小小的花。

繡球花

繡球花科

DATA

Hydrangea macrophylla	
中文名稱	繡球花
別名	紫陽花、八仙花
分類	闊葉樹／落葉樹／灌木／雌雄同株・同花
英文名稱	Japanese hydrangea
開花期	6～7月
結果期	通常不結果
植栽地・棲息地	住宅、公園、寺廟神社、學校
人為散布	北海道～沖繩縣、台灣
用途	花（萼）為觀賞用

酸性土壤種出藍色的花，鹼性土壤則種出紅花。

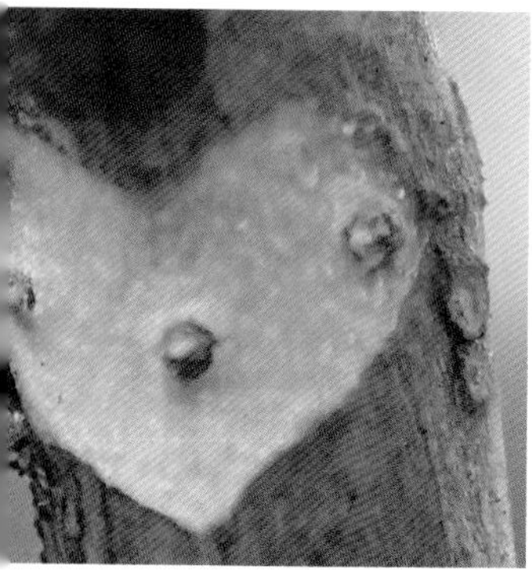

其葉痕像一張心形的臉。（註：葉痕是葉柄脫落後在莖表面上留下的痕跡。）

莖幹中央的部分像是海綿，也像棉花糖。

氣候是否乾燥，看表情（葉子）就知道

日本的「額繡球花」是繡球花的栽培品種，只要受到連續日照，葉子就會疲軟下垂，像是在表達「趕快澆水」的訴求。繡球花有任何需要，都會立刻反映在葉片上，這種坦率也是它的魅力。那些像花瓣的部位其實是花萼，而真正的花朵很小，就在花萼正中央，不容易看到。花（萼）的顏色和酸鹼試紙相反，當土壤為酸性，花萼就會呈藍色，土壤為鹼性，花萼就會呈紅色。市面上甚至有專門種植紅色繡球花的培養土。繡球花的葉片有毒，不可誤食。

五福花科（莢蒾屬）

蝴蝶戲珠花

據說是粉團莢蒾的園藝品種。很像雪球花，但葉片完全不一樣。

看起來就像白色繡球花

繡球花科

櫟葉繡球

原產於北美洲。曾經引起一波種植熱潮，最近又捲土重來。它的葉片和櫟樹很像，又稱為「櫟葉繡球」。

花有重瓣和單瓣兩種

繡球花科

圓葉鑽地風

氣味

雖然是攀緣性植物，但生長緩慢，將葉片撕開，會聞到一股小黃瓜的氣味。

經常攀附在岩石或樹木上，但生長速度緩慢。

繡球花科

藤本八仙花

生長緩慢，並不會覆蓋其他樹木，悠然自在地生長於樹幹的中段。

和「圓葉鑽地風」很像

用樹葉分辨

櫟葉繡球
葉片有切口，背面有細毛。

背面

蝴蝶戲珠花
側脈多，葉形呈現圓胖的愛心狀。

有毒

繡球花
樹葉表面具有光澤，沒有絨毛。

有著美麗黃葉的成排銀杏樹，還能發揮防火的功能。

銀杏

銀杏科

DATA

Ginkgo biloba

中文名稱	銀杏、公孫樹
別　名	鴨腳樹
分　類	裸子植物／落葉樹／喬木／雌雄異株
英文名稱	Ginkgo、Maidenhair tree
開花期	3～5月
結果期	10～12月
植栽地・棲息地	街道、寺廟神社、公園
原產地	中國（或原生地不明）
人為散布	北海道中部以南、台灣
用　途	種子可食用，木材可用作天花板、棋盤等。樹葉可提煉銀杏葉精華。

冬天的葉痕也可愛

葉子展開的方式好可愛

葉脈分成兩股

銀杏果具有強烈的氣味

懷念恐龍時代

在恐龍時代，銀杏繁盛生長於全球各地，現今卻已經成為瀕危物種。現在的銀杏樹多半都是人工栽培，幾乎沒有天然植株。

銀杏是雌雄異株植物，雌株銀杏會結出銀杏果，並散發出不討喜的強烈氣味，因此，行道樹種的都是雄株。

銀杏的葉片有各種形狀，而象徵東京都的市徽上的銀杏葉，只是其中一種。

羅漢松科

竹柏

竹柏常種植於寺廟神社，因它的日文發音近似「風平浪靜」，有祈求乘船平安的寓意。此外，竹柏的樹葉不易破損，代表「戀情不易斬斷」，普遍認為能夠保佑戀愛成功，夫妻感情圓滿。竹柏樹葉的質感與銀杏相似，但整體色調較暗沉。竹柏原本是溫暖地帶的植物，不太適應寒帶氣候。可將葉片上的葉肉刷除，留下葉脈，製作成透明葉片，美麗的平行葉脈展現特殊的氣質。

斑狀剝落的樹皮

結了許多「巧克力球」般嫩果的雌株

用樹葉分辨

氣味

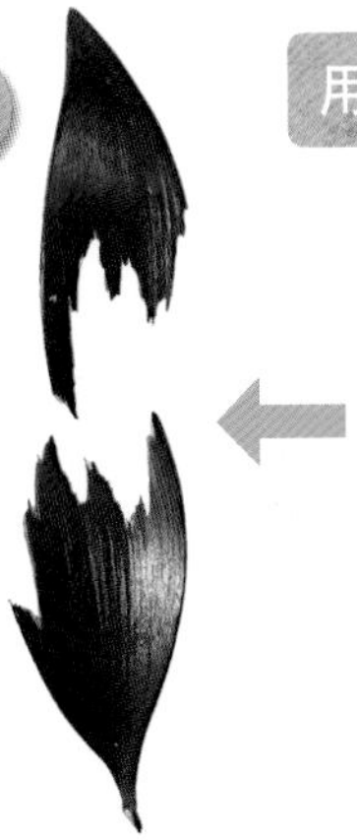

竹柏
細細的葉脈平行排列。用力拉扯會以驚人的方式破裂，失戀就是這種心情吧？！撕開的葉片有一股好聞的氣味。

銀杏
銀杏葉片具有各種形狀，不限於常見的扇形。
照片提供／玉置真理子

實用小知識！

值得推薦的植物搜尋應用軟體

「Picture This」和「Google智慧鏡頭」都是功能強大的應用軟體。Picture This可搜尋木本植物、草本植物，連蕈類都有。這款應用軟體比較擅長辨識葉形獨特的植物，無論對著實體或照片拍，瞬間就會給出搜尋結果。不過，相似品種的辨識度無法達到百分之百，有時候還會把冬芽當成蕈類。它還有回報搜尋結果是否正確的機制，感覺準確度會愈來愈高。

「Google智慧鏡頭」會從你提供的照片找出類似的圖片。除了植物，也能查詢昆蟲和鳥類。就連「這個商品在哪裡買得到？」都能找到。這兩款應用軟體必須在網路環境下使用。只要抱著「把應用軟體搜尋結果當作參考」的心態來使用，就是很有效率的查詢工具。

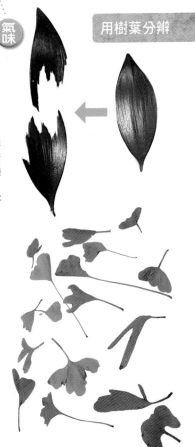

無患子科

日本槭

樹葉基本上都是紅色

DATA

Acer palmatum	
中文名稱	日本紅楓、掌葉槭
別　名	高雄紅葉
分　類	闊葉樹／落葉樹／喬木／雌雄同株・同花或雄花
英文名稱	Japanese Maple
開花期	3～5月
結果期	7～9月
植栽地・棲息地	公園、住宅、寺廟神社、里山（譯註：指與人類聚落相鄰的山林。）
原生地	福島縣以南～九州
人為散布	日本東北中部以南、台灣
用　途	觀賞用、公園樹、庭園樹

帶翅膀的種子向上飛

春天開出小小的花

槭楓的同類發芽了

樹葉與樹皮都很薄的極簡主義者

說到槭楓，最先想到的就是紅葉。基本上，日本槭的葉片也是紅色，做成透明葉片特別漂亮。只是葉片很薄，容易掉落，雨量少的時候，葉片又會蜷縮。這種樹不屬於葉片繁茂的類型，葉片量僅維持最低限度的需求。在氣候寒冷的地區，樹本身為了避免結凍，會提高樹體的含糖量，人類利用這一點來製作「楓糖」。只要是寒冷地區的槭楓類，多半都能製作甜度很高的楓糖。

觸感

羽扇槭
無患子科

滿是細絨毛的新葉

以槭楓類來說算是滿大的花

葉柄短，不到葉片的一半，很容易與其他槭楓類區別。小型的小羽團扇楓也常用作庭園植栽。

三角槭
無患子科

三角槭的花

種子像天使的翅膀

原產於中國，是耐修剪的行道樹模範生。其樹皮會裂開脫落，這一點和其他槭楓類不同。日文名稱是「唐楓」，「楓」的日文讀音和「青蛙手」相同，正是來自於葉片形狀像青蛙的手掌。

美國紅楓
無患子科

美國紅楓的紅葉

葉片背面泛白

原產於北美。與日本特有種「花之木」（Acer pycnanthum）為近親，和北美楓香樹也很像。

用樹葉分辨

背面

美國紅楓
葉柄長，葉片具有厚度。葉片正反面和葉柄表面都沒有絨毛。

三角槭
葉片具光澤，形狀如蛙類的手掌，其邊緣呈鋸齒狀。

小羽團扇楓
葉柄和葉片背面都長有細毛。葉柄比羽扇槭長。

羽扇槭
葉柄只有葉片一半的長度，絨毛茂密。

日本槭
葉片薄，有雙重的鋸齒狀。多為紅葉，但也有黃葉。

柿子樹

柿樹科

柿樹結滿累累果實，是日本的秋日風景。

DATA

Diospyros kaki

中文名稱	柿樹
別　名	柿
分　類	闊葉樹／落葉樹／喬木／雌雄同株，同花或異花
英文名稱	Persimmon
開花期	5～6月
結果期	10～11月
植栽地・棲息地	住宅區、公園
原產地	東亞（中國）
人為散布	日本東北～九州、台灣
用　途	果實可實用。澀柿可製成木材防腐劑、樹葉可製作茶葉、樹幹可用來製造家具。

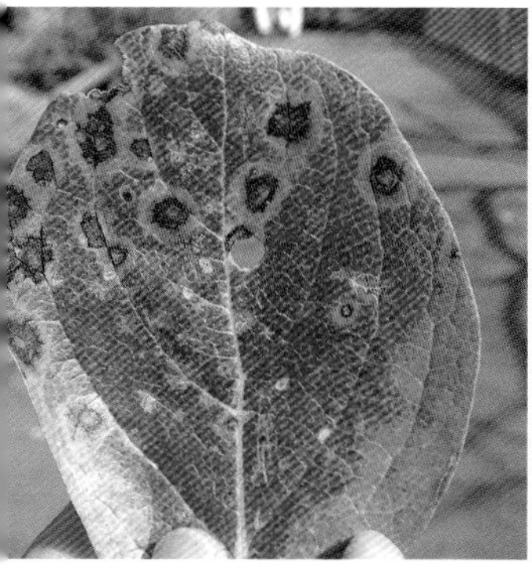

葉片上出現斑點，表示生病了，入秋後，葉片迅速掉落，但還是能結出不少果實。

柿子花

冬天的葉痕，好像大叔被曬黑的臉。

「一戶一棵」柿樹

在日本，家喻戶曉的柿樹多半是庭院植樹。其果實有澀柿和甜柿兩種，不過成熟之後都會變甜。去除果實澀味的方式很多，可以裝在塑膠袋中浸泡熱水、將蒂頭浸在燒酎中，或是曬乾等等。澀柿本身也有防腐作用，而柿子的嫩葉可用來炸天婦羅，十分美味，其木材也能製作成家具，是用途廣泛的樹。缺點是每年都會結出大量果實，容易讓人吃膩，以及果樹本身不易移植。

臘梅
臘梅科

原產於中國，比較常見的品種是花的中心不紅，稱為「素心臘梅」。臘梅是誕生於白堊紀的古老植物。

臘梅花很香（照片為園藝品種「滿月」）

種子就在這個果實裡

秋天的黃葉

泡泡樹
番荔枝科

原產於北美洲。果實甘甜，口感像香蕉。經常做為庭院或田園植樹。

尚未成熟的泡泡果

花會散發臭味，引來蒼蠅。

酪梨
樟科

原產於中美洲。很多人在吃完果實之後，將種子留下來培育。酪梨不耐寒，但以東京都的氣候來說，種植於戶外還是可以生長茁壯，只是不易結果。

住宅區的酪梨樹

酪梨籽茶有一股鉛筆的氣味

酪梨果實

用樹葉分辨

泡泡樹
葉背和葉脈、葉柄上有咖啡色細毛。

臘梅
從葉尖往葉柄的方向觸摸，會有扎手的粗糙感。

柿樹
葉緣沒有鋸齒狀，表面具有光澤。

芸香科

日本花椒

雄木的雄花

雌木的果實。黑色種子無味。

有成對棘刺的葉痕英姿

花椒木做成的研磨棒，沒有味道。

添加青花椒的可可餅乾

DATA

	Zanthoxylum piperitum
中文名稱	日本花椒
別　名	山椒、椒
分　類	闊葉樹／落葉樹／灌木／雌雄異株
英文名稱	Japanese pepper
開花期	3～5月
結果期	9～10月
植栽地・棲息地	學校、公園、住宅區
原生地	北海道南部～九州
人為散布	北海道～沖繩縣
用　途	嫩葉和嫩果可食用。果皮可用來製作辛香料。

香氣勝過一切

日本花椒屬於芸香科植物。鳳蝶會在它們的葉片上產卵。花椒嫩葉的日文是「木之芽」，經常用來做為料理的點綴。乍看之下毫不起眼的花椒，具有強烈而獨特的香氣；其果皮是中華料理常見的辛香料，口感麻辣，但裡面的黑色種子完全無味。

樹枝上有兩兩成對的棘刺，冬天時葉痕英姿煥發，非常帥氣。凹凸不平的莖枝可做成研磨棒。

翼柄花椒
芸香科

它和日本花椒很像，但棘刺是交錯生長而非兩兩成對。葉片散發出檸檬般的溫和香氣。

與日本花椒的差異在於樹枝上的棘刺

氣味

葉片有檸檬香氣

食茱萸
芸香科

食茱萸是喬木。它和臭椿或野漆樹很相像。冬天的葉痕看起來像微笑。

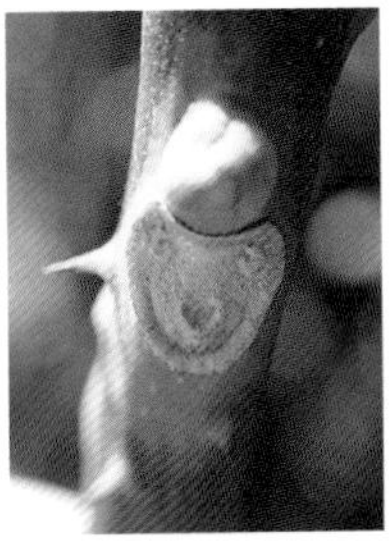

可愛的微笑葉痕

氣味

因為它是高聳的喬木，所以日文名稱才叫作「烏山椒」嗎？

山豆葉月橘
芸香科

氣味

原產於印度，有「咖哩樹」的別稱。葉片稱為「咖哩葉」，可用來入菜。幼樹的葉片非常小，成樹的葉片則大得令人意外。

長大的葉子和未成熟的果實（成熟後會變黑）

花

用樹葉分辨

山豆葉月橘
幼樹的葉片和成樹的葉片（上）。不耐寒。

食茱萸
具有巨大的羽狀複葉。撕裂的葉片有一股強烈的花椒味。

日本花椒
羽狀複葉。葉片尖端內凹。撕開的葉片有一股強烈的氣味。

楊柳科

垂枝柳

要是帶有絲狀長毛的種子亂飛，那就傷腦筋了，所以行道樹通常都是無種子的雄株。

DATA

Salix babylonica

中文名稱	垂枝柳
別　名	垂柳、倒掛柳
分　類	闊葉樹／落葉樹／喬木／雌雄異株
英文名稱	Weeping willow
開花期	3～4月
結果期	5月
植栽地・棲息地	人行道、公園
原產地	中國
人為散布	北海道中南部以南、台灣
用　途	樹枝可用作花材或工藝品的材料。樹幹可製成砧板或牙籤。

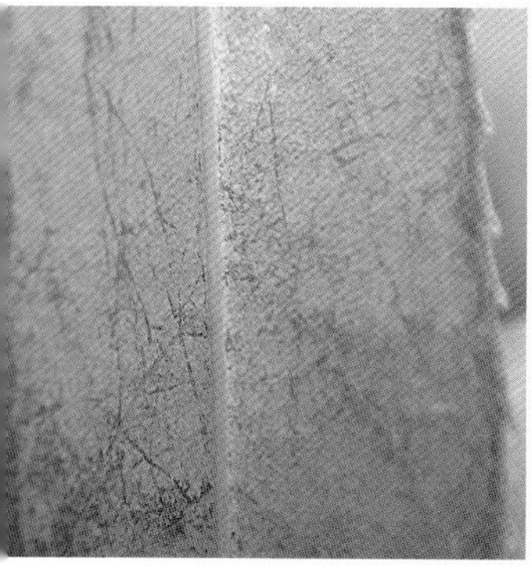

泛白的葉背

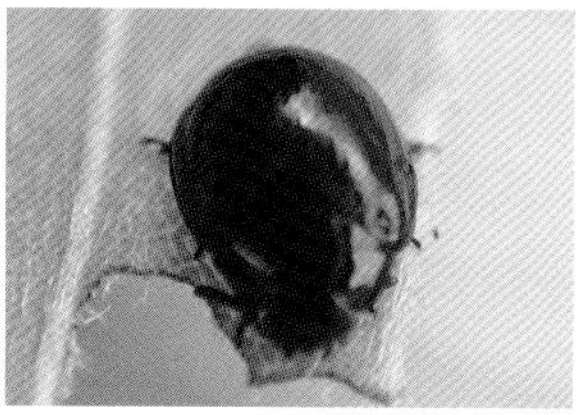

美麗的柳瓢金花蟲

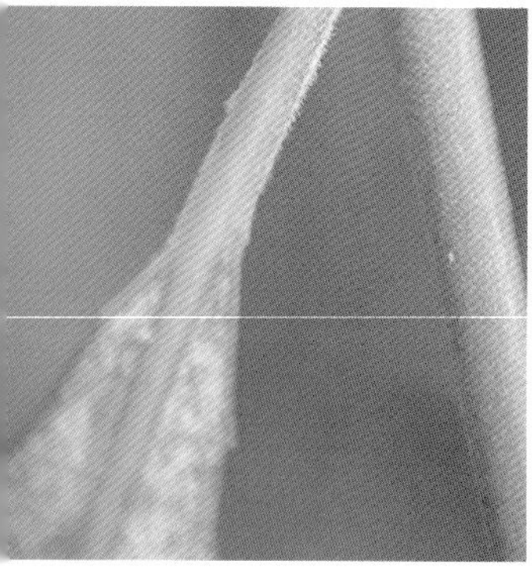

扭轉的葉柄

說到「垂枝」，第一個就想到它

垂枝柳由於枝葉下垂的姿態，顯得特別有個性。身為一棵樹，枝葉下垂的話，不就曬不到太陽嗎？……然而，這種樹偏偏又最喜歡陽光（屬於陽生植物的樹種）。它是不是傲嬌啊？真教人搞不懂。或許這就是垂枝柳受歡迎的魅力。將柳樹類的樹枝插在土壤裡，多半都能發根，垂枝柳也一樣，以扦插方式就能繁殖。一開始枝葉先往上長，等長大後就會下垂。

類似的樹木

貓柳
楊柳科

觸感

開花前的花芽毛絨鬆軟

伸展雄蕊的雄花

放滿粉紅貓柳花芽的「毛毛箱」

花芽像貓毛一樣柔軟蓬鬆，觸感很舒適。對於經常起衝突、氣氛不好的家庭或職場環境，可以擺放一個裝滿貓柳花芽的「毛毛箱」。把手伸進去摸一摸，每個人都會忍不住微笑。一般栽種的貓柳多半為雄株，開的花也是雄花。

珍珠花（雪柳）
薔薇科

氣味

珍珠花的味道和新鞋的氣味很像

也有無味的珍珠花

珍珠花的氣味聞起來就像連鎖鞋店「ABC MART」或「東京鞋流通中心」店裡的味道。不過，也有完全無味的花。

柳葉櫟
殼斗科

柳葉櫟的葉子

原產於美洲。日文名為「柳葉楢」，是一種會結出橡實的樹。當有人問起：「這棵樹到底是什麼啦？」我還真答不出來。

用樹葉分辨

垂枝柳
葉片薄又細長，葉緣呈細小的鋸齒狀。葉柄會扭轉。

背面

貓柳
看得見絲毛。

背面

珍珠花
葉片很小，葉緣為細鋸齒狀。

棕櫚

棕櫚科

結出青澀果實的雌株

DATA

Trachycarpus fortunei

中文名稱	棕櫚
別　名	和棕櫚
分　類	闊葉樹／常綠樹／喬木／雌雄異株、偶爾會有同株
英文名稱	Chusan palm、Windmill palm
開花期	4～6月
結果期	10～12月
植栽地 棲息地	住宅區、公園、寺廟神社、學校
原產地	中國
人為散布	日本東北以南、台灣
用　途	其樹幹的纖維可製作成刷子、繩索、墊子、掃把等等用具。

樹幹可做成撞鐘用的撞槌

雄花看起來好像黃金魚卵

鳥窩的建材，小鳥自己來種

棕櫚是椰子的同類，因為生性耐寒，在日本福島等東北地方經常被種來當作行道樹。其樹幹的纖維可用來製作鬃刷及掃把等用具，樹幹本體也是寺院撞鐘的撞槌材料。它的葉片還能做成蚱蜢形狀的童玩。它與稻科植物不同，葉片側面無法徒手撕斷。

鳥類經常用棕櫚纖維來修築鳥巢，大概是使用起來很舒適吧？鳥兒們還會將種子帶到各地播種。

觸感

外側是塑膠，內側採用棕櫚纖維，這是一個對建材很講究的鳥巢。

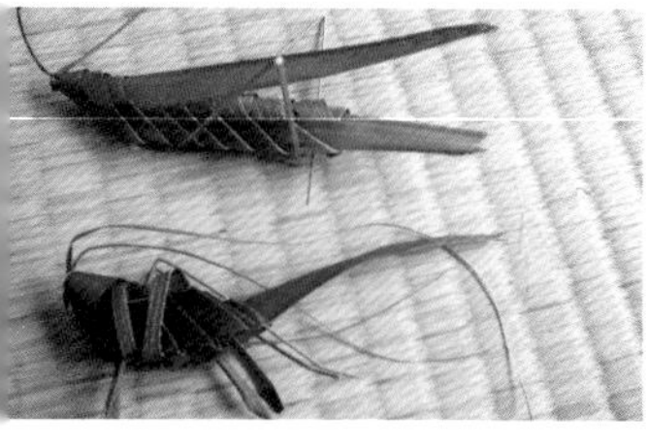

用棕櫚葉片編成的蚱蜢備受歡迎

類似的樹木

唐棕櫚
棕櫚科

栽種整齊的唐棕櫚

原產於中國。唐棕櫚經常做為庭院植樹，其種類多半都是和棕櫚的交種。

棕櫚科的樹木沒有年輪，只會不斷地長高。

蘇鐵
蘇鐵科

蘇鐵的雌株

雄花具有甜美的香氣

蜷曲狀的新葉

雌雄異株，其雄花會散發甜美的香氣。蘇鐵和銀杏一樣，都是歷史悠久的植物。其果實有毒，不過，曾經有人將毒素去除後食用。

澳洲朱蕉
天門冬科

氣味

澳洲朱蕉花很香

「紅星朱蕉」
（*Cordyline australis* 'Red Star'）

原產於紐西蘭。花的形狀和棕櫚很像，因而得名（譯註：其日文發音近似「棕櫚蘭」）。以「紅星朱蕉」品種最受歡迎。

用樹葉分辨

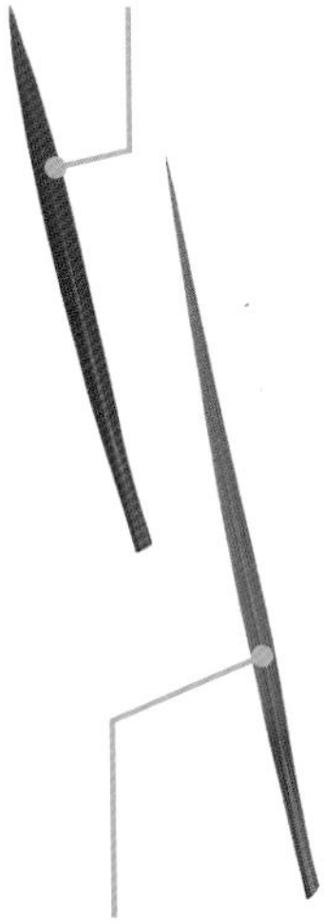

紅星朱蕉
葉片帶有紅色。

澳洲朱蕉
葉梢較軟，不會扎人。

蘇鐵
葉梢尖細而硬，會扎人。和柔軟的新葉差異很大。

唐棕櫚
葉梢比棕櫚短而直挺。

棕櫚
葉梢經常下垂。

白樺

樺木科

樹皮特別白的品種

DATA

Betula platyphylla

中文名稱	白樺
別　名	樺木
分　類	闊葉樹／落葉樹／喬木／雌雄同株・異花
英文名稱	Japanese white birch
開花期	4月
結果期	9～10月
植栽地・棲息地	住宅區、公園、街道
原生地	北海道、本州（福井縣、岐阜縣以北）
人為散布	北海道～九州
用　途	樹幹可用來製作家具或室內裝潢建材，樹皮可當作火種。樹液可食用，也是甜味劑的原料。

一開始樹枝是黑色的，幾年後慢慢變白。

白樺的果穗形狀宛如簑衣蟲

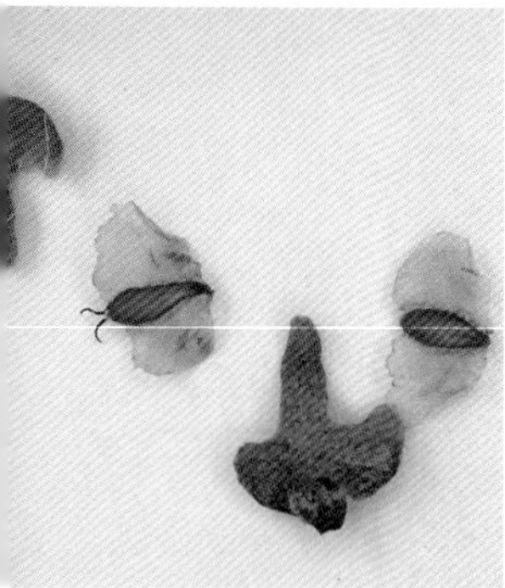

撥開果穗，露出飛機（鱗片）和蝴蝶（種子）。

外型挺拔帥氣，工作能力似乎也很強

經常有人問我：「白樺為什麼是白色的？」他知道樹皮變白的成分，但不了解其原因。不過，除了白樺之外，還有滿多白色樹皮的樹種，樹皮變白應該沒有特殊原因吧。真要說的話，都怪白樺的外表給人們的印象實在太好了。實際上，白樺只要曬太陽就能成長茁壯，但經過幾十年就會枯萎，毫無長期展望。種子的散布也是以量取勝，以人來比喻的話，或許個性意外地單純。

水目櫻

樺木科

氣味

日本的「萬葉植物園」蒐集了《萬葉集》中提及的植物，其中就有這種水目櫻。水目櫻在日本又稱為梓樹（譯註：和中文的梓樹不一樣）。將樹枝折斷後，會散發一股類似「擦勞滅」消炎藥膏的氣味。另有「夜糞峰榛」的別稱，或許古人覺得這種氣味很難聞吧。

內層樹皮有一股「擦勞滅」的氣味

水目櫻的種子和白樺很像

赤楊葉梨

薔薇科

在日本有「秤之目」的別稱，這是因為樹枝上的皮孔（空氣的進出氣孔）看起來像秤子的刻度。

赤楊葉梨的果實

觸感

毛茸茸的新葉

銀白楊

楊柳科

觸感

原產於歐洲及西亞。葉片背面呈白色，是一種相當美麗的樹。樹幹上到處都會長出分櫱枝，這種樹不太容易照料。

葉片背面長滿白毛，觸感綿軟。

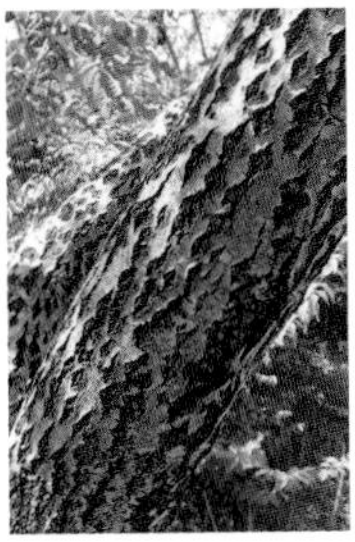

菱形的皮孔（空氣進出的氣孔）

用樹葉分辨

赤楊葉梨

葉緣呈雙重鋸齒狀。葉片上有柔軟的絨毛（尤其是新葉）。

水目櫻

有筆直的葉脈，背面的葉脈還有細毛。

白樺

葉脈呈直線，像是用直尺畫出來的（樺木屬的共通特徵）。

優雅地佇立在圍欄旁

合歡

豆科

DATA

Albizia julibrissin

中文名稱	合歡樹
別　名	夜合樹、合昏木
分　類	闊葉樹／落葉樹／喬木／雌雄同株．同花或雄花
英文名稱	Mimosa-tree、Silk tree
開花期	6～8月
結果期	10～12月
植栽地・棲息地	學校、公園、街道、河邊空地
原生地	本州～沖繩縣
人為散布	北海道中南部以南、台灣
用　途	觀賞用，也常被栽種為行道樹。

氣味

花香甜美

天色一暗就會閉合的樹葉

葉柄隆起的部分（葉枕）是主導開合的裝置

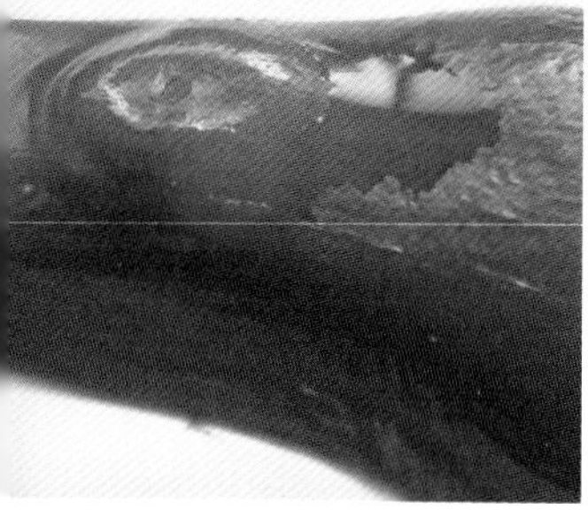

蜜腺（腺體）引來螞蟻

散發出一股不可思議的氛圍

合歡除了自然生長於河川沿岸外，也經常被種植在公園和住宅區。隨風搖曳的優美姿態，讓人看著看著總覺得時間都暫停了。

它的花香甜美，外型看似化妝刷的是雄蕊，一到晚上，葉片會閉合休息。入秋之後，老葉似乎就不再閉合了。冬芽從葉痕內側冒出，但沒什麼用途，只做為小小的預備芽使用。合歡是一種存在感相當特別的樹木。

類似的樹木

豆科
金合歡屬（貝利氏相思樹）

氣味

日本常見的貝利氏相思樹植栽

三角葉金合歡的葉片

原產於澳洲。日文中將金合歡稱為Mimosa，但有Mimosa之稱的樹其實很多種，例如銀荊或葉形特殊的三角葉金合歡（而Mimosa本來應該是含羞草的學名）。這種樹會開出黃色的花，也會散發香氣。

紫葳科
藍花楹（日文名：桐擬）

種植於溫暖地帶
照片提供／西山正大

藍花楹的花
照片提供／西山正大

原產於中南美洲，原屬於不耐寒的植物，但在東京都的市中心經常可見。日文名稱為「桐擬」，它和毛泡桐一樣會開出紫色的花。

用樹葉分辨

背面

藍花楹
葉梢尖細，葉脈位於正中央。二回奇數羽狀複葉。

貝利氏相思樹
二回偶數羽狀複葉。

合歡
葉脈偏向旁側，葉梢狀似兔耳。二回偶數羽狀複葉。

背面

柊樹

木樨科

新葉還很柔軟，尖刺也不扎人。

DATA

Osmanthus heterophyllus

中文名稱	柊、柊木
別　名	刺桂
分　類	闊葉樹／常綠樹／小喬木／雌雄異株
英文名稱	Chinese-holly、False-holly、Holly olive
開花期	11～12月
結果期	6～7月
植栽地・棲息地	住宅區、公園、寺廟神社
原生地	關東地方以西～沖繩縣
人為散布	北海道南部以南、台灣
用　途	日本人會在「節分」這天掛上柊樹葉做裝飾。木材可用來製作槌子握柄等器具，也能做為印章的材料。

冬天開的花散發美好的香氣

柊樹的果實

老葉或氣候乾燥地區所生長的葉子，尖刺就會減少。

趁葉片還小時搖晃它

柊樹在日本很多地方都被當作避邪驅魔的道具，葉片上有刺，這是為了防止被動物啃食的利器。葉片長大後就不會被動物啃食，刺便會消失或變鈍。偶爾還是會看到葉梢留下尖刺的葉片，這時，我會覺得「人生真是無時無刻都不能大意呢」。不過，春天發新芽的葉片還很柔軟，防禦力很低。我總是趁這時搖著柊樹的嫩葉說：「一點也不痛呢。」我就是這麼心胸狹窄的人啊！

木樨科

齒葉木樨（日文名：柊木樨）

齒葉木樨的花也很香

很適合做成葉脈標本

柊樹與金木樨的雜交種，經常用作圍牆籬笆。其花有香氣，但如果修剪過度就不易開花。

小檗科

十大功勞（日文名：柊南天）

狀似甲殼類的新葉

花朵具有高雅的香氣

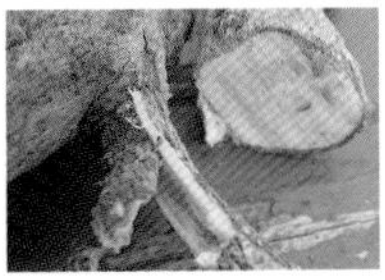
十大功勞的黃色木材

原產於中國、台灣及喜瑪拉雅山脈。黃色的花具有香氣，材心也是鮮豔的黃色。春天發新葉時，外型很像異形或甲殼類。

冬青科

枸骨

秋冬時會結出紅色果實

樹皮與樹葉

原產於中國及朝鮮半島。別名「柊黐」或「中國冬青」。冬天會結出紅色果實。

用樹葉分辨

背面

枸骨

比柊樹稍薄，葉緣看起來也沒那麼扎人，不過，被扎到的話還是會痛。

背面

十大功勞

厚厚的葉片裡彷彿飽含空氣。

背面

齒葉木樨

葉片厚實有分量，幅度比柊樹還寬。

背面

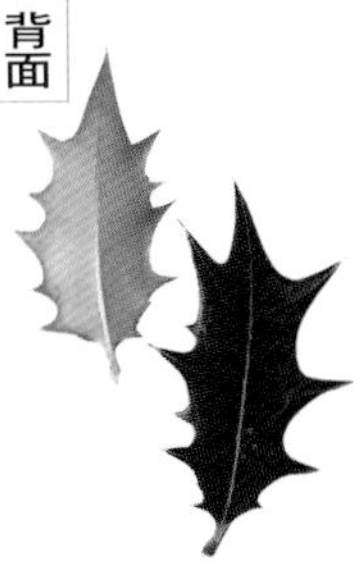

柊樹

葉片厚實，葉緣有不規則鋸齒狀的細刺，扎人很痛。

藤樹

豆科

藤花依賴木蜂授粉

藤樹呈S字形纏繞，山藤樹則是Z字形。

比實際樹齡更多的年輪

長得像演員山田孝之的葉痕

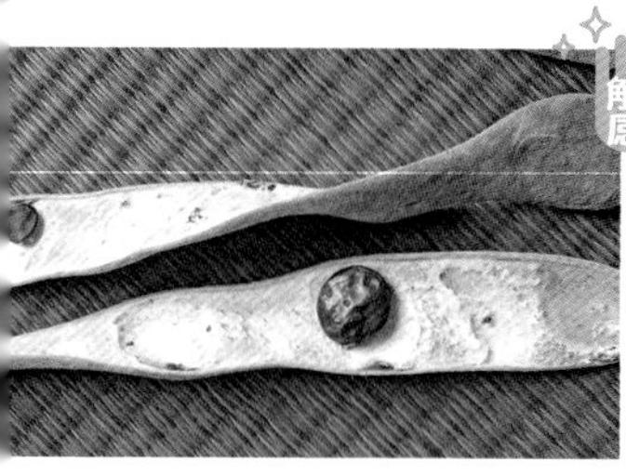

觸感

狀似麻花捲的果莢很好摸

DATA

Wisteria floribunda

中文名稱	藤樹
別　名	野田藤
分　類	落葉樹／攀緣性木本／雌雄同株．同花
英文名稱	Japanese wisteria
開花期	4～6月
結果期	10～12月
植栽地・棲息地	學校、公園、住宅區
原生地	本州～九州
人為散布	北海道～沖繩縣、台灣
用　途	觀賞用

擅長謀生處世的魔性植物

藤樹遊走於各種樹木之間，獨占陽光，在藤樹陰影下哭泣的樹木不知有多少！或許是因為纏纏繞繞的關係，它的年輪數往往比實際年齡更多，可謂年齡不詳的魔性之樹。只有木蜂這種昆蟲，能鑽進形狀複雜的藤花之中。為了讓種子散布得更遠，藤樹的果莢會藉由扭力將種子彈射出去。唯一不夠魔性的部位就是冬天的葉痕，簡直像一張滿嘴鬍碴的大叔臉。

類似的樹木

凌霄花
紫葳科

夏天開花時特別顯眼

果莢內的種子

原產於中國。有一種跟它很像的厚萼凌霄。這種花即使遭剪除，又會從殘根處長出來，生命力很強。

金露花（台灣連翹）
馬鞭草科

金露花品種之一「寶塚」

金露花的果實

原產於熱帶美洲。在日本素有「玻璃茉莉」的別稱。花的姿態多樣化，只要天氣溫暖，就會拚命生長。

藍雪花（日文名：瑠璃茉莉）
藍雪科

一整年都會開花

藍雪花的花萼很像毛氈苔

原產於南非。雖然生性不耐寒，以東京的氣候還是能種植。它會覆蓋在一旁的樹幹上，發揮攀緣植物的魔性。

用樹葉分辨

凌霄花
葉脈深邃偏粗，葉緣有粗獷的鋸齒狀。

藤樹
羽狀複葉。葉片薄，葉柄根部隆起（稱為葉枕，是豆科植物的特徵）。

五加科

八角金盤

春天結出黑色果實

剛長出的新葉

右邊是雄花，左邊是雌花。

約莫兩年就會落葉，葉痕看起來好像咧嘴大笑的模樣。

DATA

Fatsia japonica

中文名稱	八角金盤（日文名稱：八手）
別　名	天狗羽團扇
分　類	闊葉樹／常綠樹／灌木／雌雄同株・同花
英文名稱	Japanese aralia
開花期	11～12月
結果期	4～5月
植栽地・棲息地	住宅區、公園、街道
原生地	茨城縣以南靠太平洋側～沖繩縣
人為散布	北海道南部以南、台灣
用　途	庭院樹木。樹葉可用作驅蟲劑。

名為「八角金盤」，葉尖卻不是八個

八角金盤的葉片特徵明顯，是很容易記住的樹木。在日本，這種樹被認為有庇佑生意興隆與驅魔的功效，是一種吉祥植物。不過，放任其生長的話，它會變得很龐大。數一數它的葉尖，不是七個就是九個，怎麼樣也找不到八個。取名八角金盤，難道是因為「八」這個數字吉利嗎？八角金盤耐陰，冬季開花，雄花會默默地轉變成雌花。

通脫木

五加科

原產於中國及台灣。日文名稱為「紙八手」，因為這種植物也是製紙的原料。巨大的葉片很有存在感，經常有人問：「這是什麼樹？」

雖然它是普通的常綠樹，但天氣一冷就會落葉。

通脫木的花

刺楸

五加科

它是不起眼的樹木，但在日本全國各地都看得到（意外地稱霸全國）。聽說，在韓國，「人們會把刺楸的樹枝放入蔘雞湯熬煮」。據說，古時候在日本的北海道，刺楸樹是指引人們找到肥沃土地的指標。

說不定是正在進行全國美食之旅的樹

黃葉與黑色果實

長有許多棘刺的嫩枝，可放入蔘雞湯增添風味。

其他類似的樹木

梧桐 ➡ p.51

用樹葉分辨

觸感

通脫木

比八角金盤的葉片更大，背面長有細毛。特徵是葉緣的獨特切口。

八角金盤

葉片厚實，具有光澤的大片樹葉。葉尖的數量大多為奇數。

交讓木

交讓木科

春天長出新葉，展開新舊交接。

雄木的雄花

雌木的雌花

秋天長出黑色果實

努力了好幾年的樹葉在交接後掉落

DATA

Daphniphyllum macropodum

中文名稱	交讓木
別　名	讓葉
分　類	闊葉樹／常綠樹／喬木／雌雄異株
英文名稱	Yuzuri-ha、False daphne
開花期	5～6月
結果期	11～12月
植栽地・棲息地	寺廟神社、公園、住宅區
原生地	日本東北南部以南～沖繩縣
人為散布	東北以南
用　途	過年裝飾

花一年時間交接，春天舉行歡迎會與送別會

它的生長方式宛如老葉交接給新葉，有「家族代代相傳」的寓意，被視為吉祥樹。實際上，它的葉子每年都會新舊交替，長出新葉時，老葉就會掉落，但掉落的只有超過三年的老葉。那些狀態不好的樹，交接期會縮短，還會出現人臉形狀的葉痕。雌雄異株，雌樹長出黑色具光澤的果實，鳥類會吃下果實，再將種子帶往別處散布。

類似的樹木

姬讓葉（虎皮楠）
交讓木科

葉片比交讓木小，雄花有小小的花萼，果實不會下垂而是朝上生長。交讓木的葉片背面是白色，姬讓葉則是綠色，葉脈清晰可見。

姬讓葉的葉痕很可愛

果實朝上生長

洋玉蘭
木蘭科

原產於美洲。原本的洋玉蘭葉片蜷曲，呈波浪狀。在日本，人們種植的多為細葉洋玉蘭，葉片較平坦。

洋玉蘭的品種之一。不會長大的「小寶石」（Little gem）。

觸感

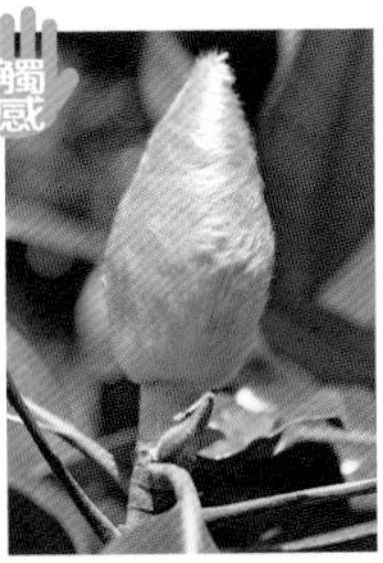
洋玉蘭的花芽膨大

氣味

花朵有一股非常好聞的香氣，無花蜜。

其他類似的樹木

石楠屬 ➡ p.49
日本石櫟 ➡ p.118
紅楠 ➡ p.119

用樹葉分辨

背面

洋玉蘭
（細葉洋玉蘭品種）
原本的洋玉蘭葉片蜷曲，細葉洋玉蘭則平坦筆直，背面有咖啡色細毛。

背面

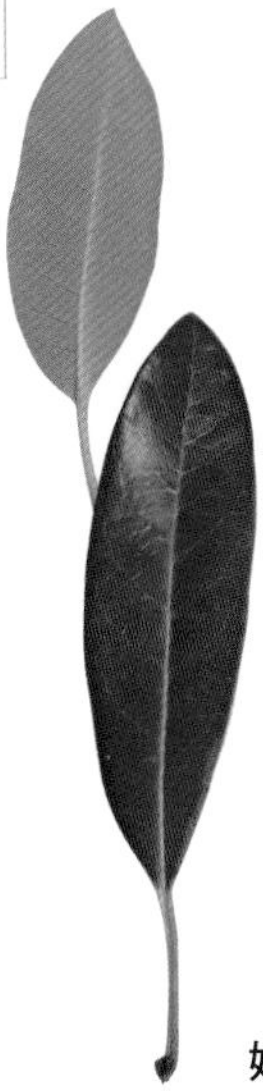
姬讓葉
葉片背面有細密的網狀葉脈，仔細看很像哈密瓜。

背面

交讓木
葉片的白色背面，像是鋪上一層白粉，有寬鬆的網狀葉脈。

扮演各種角色的樹木

樹木都有「自己的步調」；有龜速生長的慢郎中，也發育急速的急驚風。生長緩慢的樹種，包括日本榧樹、線柏、厚皮香、棉毛柃等；生長迅速的樹種則有毛泡桐、柳樹類，以及桑樹、樟樹、櫻樹等。攀緣植物多半生長速度快，這與它們生性喜愛攀附或覆蓋在其他樹木上的習性有關（其中也有例外）。

樹木的生長速度也不見得每年都相同，大多數在歷經第三到四年時，成長狀況最明顯。

發芽後成長了將近兩年的日本榧樹（右）和日本胡桃（左）。

不積極競爭的角色

生長快速的樹木對競爭抱持積極態度，但也有些樹木一開始就放棄競爭。例如松樹等，即使生活在氣候乾燥的貧瘠土地上也沒關係，只需要充足的陽光。此外，經常積水的地方，一般植物的根部無法呼吸，就算曬得到太陽，樹木也無法生存。然而，也有像落羽杉這樣擁有氣生根的植物，在這樣的環境下如魚得水。

此外，像青木這種植物，甚至會刻意選擇生長在其他樹木下方。應該是為了避免日光直射，防止水分散失吧。看到樹木有各式各樣的生長方式，往往令我佩服不已。

四處遊走、橫向發展的角色

第七頁提到，有些樹木容易長出分櫱枝，其中有些樹種的分櫱枝甚至生長在超乎想像的遠處，例如棗樹、臭梧桐、南天竹、鹽膚木和銀白楊，都是四處遊走的慣犯。

紫金牛老早就放棄了長高這檔事，致力於橫向發展，一長就是一大片，看起來像勢力龐大的樹群，其實根部都是相連的，只要在陽光充足的地方，就會枝繁葉茂。

不可思議的角色

在地球上的恐龍時代，遍布全球各地的銀杏、蘇鐵和針葉樹等，都是非常古老的樹木。此外，木蘭科、樟科、白花八角和臘梅等樹種，也都有悠久的歷史，本身具備一些令人無法理解「到底為何存在的機能」。或許它們還活在久遠以前的年代吧？這類植物就是如此不可思議。

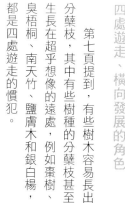

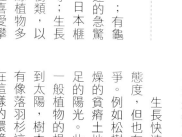

第 2 章

造型醒目，認得出來就會很高興的樹

青木

絞木科

紅色果實在森林裡很顯眼

DATA

Aucuba japonica

中文名稱	青木、東瀛珊瑚
別　名	闊葉青木
分　類	闊葉樹／常綠樹／灌木／雌雄異株
英文名稱	Japanese aucuba
開花期	3～6月
結果期	12～4月
植栽地 棲息地	公園、住宅區
原生地	北海道南部～沖繩縣
人為散布	北海道南部～沖繩縣、台灣
用　途	葉子可做為藥用，木材可製成味噌桶的蓋子。

雄花

春天綻放的雌花

新葉的形狀好像鍬形蟲

觸感

園藝品種「斑入青木」有著宇宙星雲般的花紋

與世無爭，在陰影中生活

在日本，青木被稱為「極陰樹」，一旦生長在日照充足的地方，葉片就會發黑甚至枯萎。但這不表示青木討厭陽光，只是它們的根部不耐乾燥。青木時常生長在森林裡的大樹下，因為環境陰暗、空間夠大，可以預防根部乾燥。由於青木在樹蔭下生長，這種缺乏日照的環境不利於其他植物生長，也就不用跟其他植物爭奪養分了。我總認為，青木真的找到了一個好位置呢！

草珊瑚

金粟蘭科

草珊瑚的花，狀似肉疣，一點也不像花。果實上的黑點，是柱頭與雄蕊遺留的特徵。屬於灌木，喜歡半日照環境，土壤太乾燥的話就會垂頭喪氣。

紅色果實上的黑點（是花留下的特徵）

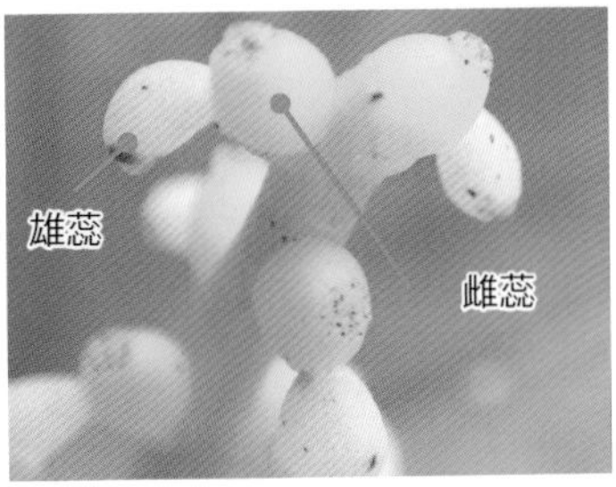

原始的花。外觀就像古代植物。

珊瑚樹

五福花科

珊瑚樹本身不易燃，具有防止火勢蔓延的效果，經常被種來當作防火牆。乍看之下，它沒有明顯的特徵，不過，若看到那宛如鳥足的葉柄或葉脈上的「蟲穴」，就知道它是珊瑚樹。

紅色果實，蒂與柄也是紅色，所以稱為珊瑚樹。

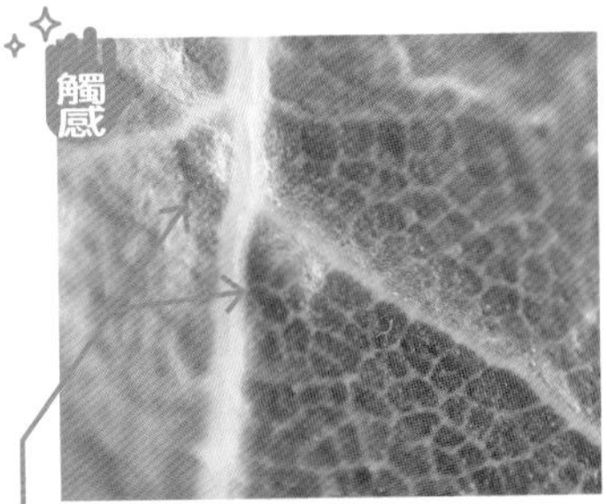

觸摸一下，可以摸到隆起的「蟲穴」。

用樹葉分辨

葉柄很像鳥爪

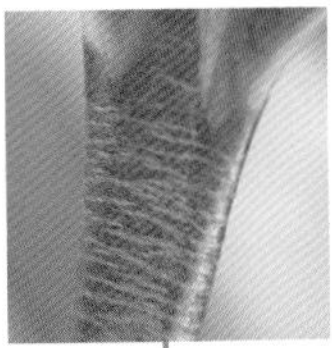

珊瑚樹

葉脈根部有隆起的「蟲穴」

草珊瑚

葉片多半是亮綠色，葉緣為粗糙的鋸齒狀。

青木

葉片具有光澤，看似厚實其實很柔軟，易破損。

冬青科

齒葉冬青

葉片小小的，可修剪出各種形狀，這種樹幾乎都是齒葉冬青。

DATA

Ilex crenata

中文名稱	齒葉冬青
別　名	假黃楊、山黃楊、波緣冬青
分　類	闊葉樹／常綠樹／灌木～小喬木／雌雄異株
英文名稱	Japanese holly
開花期	5～7月
結果期	10～12月
植栽地・棲息地	住宅區、公園、里山
原生地	本州～九州
人為散布	北海道以南
用　途	籬笆或造型樹木（綠雕藝術）。

齒葉冬青的花

用黑色果實吸引鳥類

葉形偏圓的變種鈍齒冬青

常被誤認成「黃楊」

它的外型跟黃楊很像，有「假黃楊」之稱。真正的黃楊很少見，如果你跟園藝行說要種黃楊，店家送來的多是齒葉冬青。不過，齒葉冬青的花與果實，跟黃楊完全不同。齒葉冬青的特色是枝葉茂密，適合修剪成各種造型，做成綠雕藝術。野生的齒葉冬青未經修剪，經常在大樹下恣意生長。這種樹的變種很多，有葉形偏圓的鈍齒冬青，也有黃色新葉的園藝品種金芽齒葉冬青。

黃楊科

錦熟黃楊（西洋冬青）

原生於地中海沿岸及西亞，常被種植為籬笆圍牆。以前，人們常用這種樹製作木箱，所以它也有「箱木」之稱。黃楊木蛾總是津津有味地啃食它的葉片。

錦熟黃楊的花

青嫩的果實

剖開果實，裡面有黑色種籽。

黃楊科

黃楊

提到黃楊木，最有名的就是木梳。這種樹生長緩慢，樹幹筆直，鮮少彎曲，很適合用來製作精緻的工藝品。照片中的樹就是真正的黃楊。日本的原生地只有福岡縣、愛知縣及山形縣。

現在頂多只能在植物園裡看到真正的黃楊

黃楊的新葉

其他類似的樹木

羅漢松 ➡ p.47

用樹葉分辨

黃楊

圓形厚實的葉片也是兩兩成對，背面主葉脈有白色絨毛。葉片尖端有缺口。

錦熟黃楊（西洋冬青）

圓而厚實的成對樹葉，葉緣沒有鋸齒狀。比黃楊的樹葉更大，背面的主葉脈有白色絨毛。

齒葉冬青

小而厚的葉片交錯生長，葉緣為鋸齒狀。

成熟的黑色橄欖果實

橄欖樹

木犀科

DATA

Olea europaea

中文名稱	橄欖
別　名	木犀欖、阿列布
分　類	常綠樹／闊葉樹／喬木／雌雄同株
英文名稱	Olive
開花期	5～7月
結果期	10～12月
植栽地・棲息地	公園、街道
原產地	不明，可能是中東
人為散布	關東以西
用　途	果實可榨成橄欖油或拿來醃漬。木材可製作成砧板。

觸感

將成熟的果實捏碎，塗抹在手上有潤膚效果。

帶點黃色的花

手工橄欖油有青蘋果的味道。

自古以來即是栽培植物的長壽之樹

人類栽種橄欖樹的歷史悠久，在南歐，橄欖更是不可或缺的植物。橄欖枝象徵人類的希望與和平，成為聯合國旗幟上的圖案。

橄欖汁會吸引椿象前來吸食，而椿象又吸引了鳥類過來覓食。橄欖的果實味道苦澀，但榨成橄欖油或醃漬起來就很美味。

斐濟果
桃金孃科

原產於烏拉圭、巴拉圭及巴西南部。雖然來自南國，但生性耐寒。果實成熟時仍維持綠色，味道清爽。

花瓣甘甜

果實具有薄荷般清爽的氣味和酸甜滋味

紅千層
桃金孃科

觸感

原產於澳洲，別名有紅瓶刷樹、花槙、金寶樹。果實像昆蟲般緊緊附著在樹枝上，遇到山林野火時，種子會迸散四射。

表面覆蓋一層軟毛的新葉

狀似瓶刷的花
照片提供／西山正大

羅漢松
羅漢松科

針葉樹的同類，其花朵外型毫不起眼，開花後，會結出有紅綠兩色的果實串。雌雄異株。

像睡醒時一頭亂髮的可愛羅漢松

有毒
羅漢松的紅色果實可食用，但綠色種子部分有毒。

其他類似的樹木
尤加利屬 ➡ p.66

用樹葉分辨

羅漢松
乍看之下以為葉片很堅硬，其實相當柔軟，有一條主葉脈貫穿整體。

紅千層
葉片長大後絨毛幾乎消失。將其撕開的瞬間，會散發出一股檸檬和青澀香蕉皮的氣味。

斐濟果
線條渾圓，觸感溫潤的葉片。背面有白色絨毛。

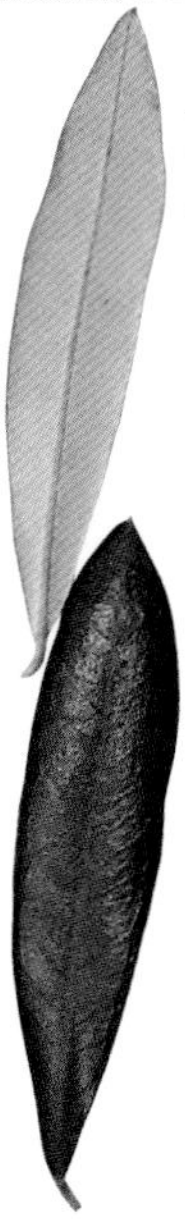

橄欖
葉片細長而硬，因背面泛白，整體呈現淡綠色樣貌。

長相跟竹子及桃樹相似

夾竹桃

夾竹桃科

DATA

Nerium oleander var. indicum

- **中文名稱** 夾竹桃
- **分　類** 常綠樹／闊葉樹／小喬木／雌雄同株・同花
- **英文名稱** Sweet-scented oleander、Indian oleander
- **開花期** 6～9月
- **結果期** 11～1月
- **植栽地・棲息地** 公園、街道、工廠
- **原產地** 印度
- **人為散布** 日本東北以南、台灣
- **用　途** 樹葉可用來製造強心劑、利尿劑。性耐乾燥、耐空污，常做為工業區或市中心綠化市容的行道樹。

其花朵粉紅如桃花，在夏季開花。

髓心呈現三角形

側脈超細

有毒的奮鬥型植物

原產於印度，通常在其他植物不開花的夏季盛開。花朵從枝葉底下長出，給人積極奮鬥的印象。它是一種有毒植物。「在南方生存競爭很激烈吧！畢竟有許多會吃樹葉的動物。」我想起曾在老家看到有人飼養的牛誤吃了夾竹桃葉而中毒死亡的新聞。夾竹桃很耐空氣污染，經常種植於馬路兩旁。只是最近的空氣污染沒有以前那麼嚴重了，看著夾竹桃奮鬥的身影，總感覺有些徒勞。

類似的樹木

石楠屬
杜鵑花科

有毒

一般來說，常綠闊葉樹都不耐寒，但石楠在寒冷地帶也能生長。天氣寒冷時，它的葉片會蜷曲成細棒狀，以這種方式挺過嚴寒。葉片有毒。

石楠花

氣溫一降，葉子就會蜷成細棒狀。

山月桂
杜鵑花科

有毒

原產於北美洲。蓓蕾和花朵頗具特色，葉片不太起眼，但有毒性。

昆蟲一碰到雄蕊，雄蕊就會朝中心轉向。

花蕾很像一款巧克力零嘴「阿波羅」。

白花八角
五味子科

經常種植於寺廟神社，樹皮和樹葉都能用來製香。以前，人們多半為亡者進行土葬，為了避免讓野生動物聞到氣味，會在墳墓上種植氣味強烈的白花八角。全株有毒。

白花八角的花。遠古時代就有的植物。

果實散發獨特香氣，類似八角，但有劇毒！

用樹葉分辨

白花八角
葉片具有一定的厚度，側脈不太明顯。其特徵是具有香氣。

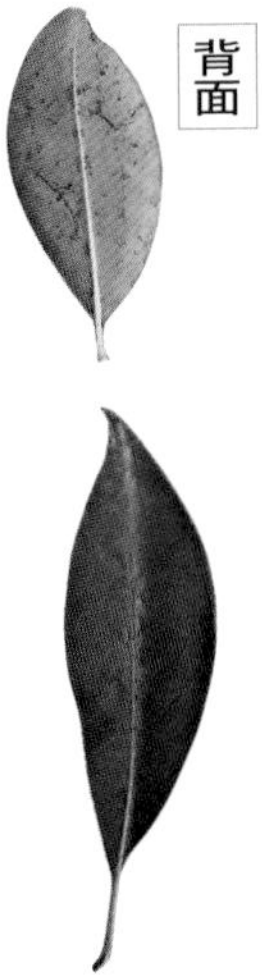

山月桂
葉梢很尖，葉緣沒有鋸齒狀。

石楠屬
葉片厚實且硬挺，背面有絨毛。天冷時會蜷縮。西洋石楠（左）沒有絨毛，右邊是細葉石楠。

夾竹桃
主葉脈呈白線狀，細密的葉脈整齊排列。

毛泡桐的花萼未免太華麗了吧

玄參科

毛泡桐

DATA

Paulownia tomentosa

- **中文名稱** 毛泡桐
- **別　名** 紫花泡桐
- **分　類** 闊葉樹／落葉樹／喬木／雌雄同株．同花
- **英文名稱** Empress tree、Princess tree、Foxglove tree
- **開花期** 4～6月
- **結果期** 10～11月
- **植栽地・棲息地** 住宅區、公園、街道、學校
- **原產地** 中國
- **人為散布** 北海道中南部以南
- **用　途** 木材可製成木屐或家具。

外型與栗子相似的果殼中，充滿了會飛的種子。

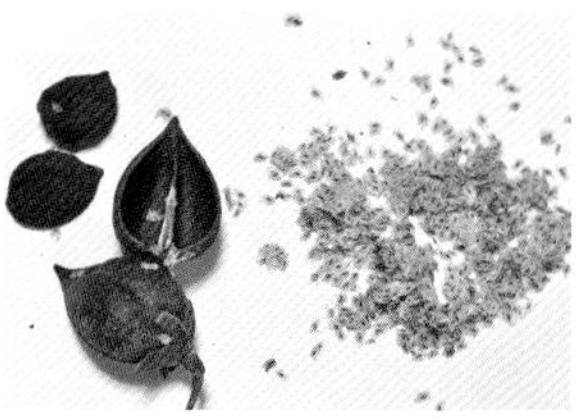

從小小的種子發芽

觸感

大型葉片的觸感有點黏膩，但外型輕盈蓬鬆。

最愛縫隙與冷氣的室外機

毛泡桐的木材重量輕又筆直，很適合用來製作桐木箱。桐樹的生長速度很快，但一開始體型真的很小，發芽後的前兩年只能說是草。不過，第三年開始一口氣快速抽長。成樹之後，即使被砍到剩下根部，只要再過一年就能長高五公尺。其種子隨風四處飄散，往往落在電車軌道、隧道出入口或橋墩等地方，從小小的縫隙中抽芽萌生。冷氣室外機旁，也經常長出毛泡桐的新芽，一些餐廳需隨時檢查室外機。

山桐子
楊柳科

雌雄異株，雌樹會結出紅色果實。因為在同一個部位反覆長出樹枝，其枝痕看起來就像一張臉。我都稱這種樹為「人面樹」。

來吃紅果子的鳥

葉痕好像小豬

梧桐
錦葵科

原產於中國南部及東南亞。樹幹很像綠色的毛泡桐，其日文名稱為「青桐」。從開花到產生種子會歷經神奇的變化。種子可用來取代咖啡豆。

枝痕長得很像人臉的梧桐（人面樹）

觸感

冬芽上覆蓋一層咖啡色細毛，像小動物腳掌的肉球。

船型葉片附有種子，有時變得像蕾絲紗網。

無花果
桑科

原產於西南亞。據說是世界上最古老的栽培水果。在日本，從東北南部到九州都有栽種。

它的花就藏在果實裡面

無花果的剖面

其他類似的樹木

刺楸 ➡ p.37
臭梧桐 ➡ p.76
野梧桐 ➡ p.77

用樹葉分辨

山桐子
葉片上有蜜腺，會引來螞蟻。

梧桐
葉片邊緣沒有鋸齒狀，卻有大缺口。背面留有咖啡色絨毛。

毛泡桐
葉片上有黏膩的絨毛，觸感柔軟。巨大的葉片能長到60公分左右。

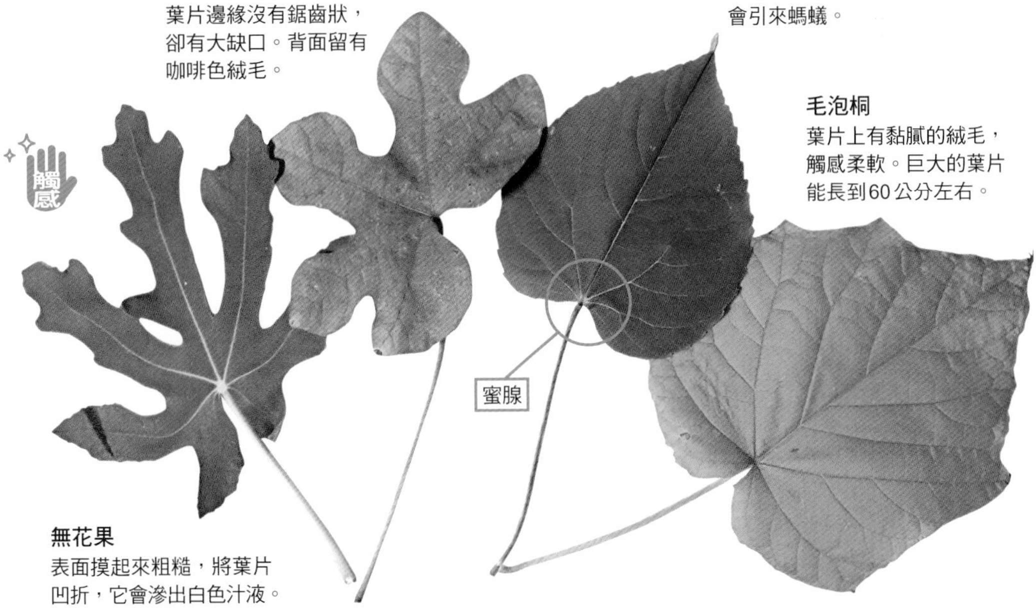

無花果
表面摸起來粗糙，將葉片凹折，它會滲出白色汁液。

石榴

千屈菜科

花與果實及樹葉。果實太搶眼，忍不住被吸引。

花萼看起來好像切成章魚形狀的小熱狗

果實裡有滿滿的種子，象徵多子多孫，被視為吉利的水果。

樹幹有著遺傳性的扭曲體質

DATA

Punica granatum

中文名稱	石榴
別　名	安石榴
分　類	闊葉樹／落葉樹／小喬木／雌雄同株・同花
英文名稱	Pomegranate
開花期	6～7月
結果期	9～10月
植栽地・棲息地	住宅區、公園、寺廟神社
原產地	西南亞、中東等地
人為散布	日本東北中部以南、台灣
用　途	花為觀賞用，果實可食用。

果實實在太搶眼了，努力欣賞葉子吧！

自古以來，石榴在世界各國都有栽種。小時候，我第一次看到那寶石般的果實，感到非常驚訝，同時才知道石榴果實裡的果肉並不多，幾乎都是種子。肥厚的花萼看起來好像切成章魚形狀的小熱狗，相較之下，葉片就變成了不起眼的配角。不過，石榴的葉片摸起來像塑膠般光滑，觸感很有趣。此外，還有像尖刺般的短樹枝。

火刺木屬
薔薇科

果實不太美味，無法立即吸引鳥類啄食，因此可觀賞一段時間。

火刺木的種類很多。例如，原產於南歐和西亞的歐洲火刺木、原產於中國的窄葉火棘，還有原產於喜瑪拉雅山脈的細圓齒火刺木等等。它們的共通特徵是荊棘般的短枝，令園藝業者相當棘手。

紫薇（百日紅）
千屈菜科

一到夏天就會陸續開花，可欣賞的花期很長。

兩片交錯生長的樹葉

原產於中國南部，由於開花期很長，故有「百日紅」的別名。日文名稱為「猿滑」，取其樹皮光滑，連猴子也爬不上去的意思。但事實上，很多人都爬過……猿滑人不滑呢。

南紫薇
千屈菜科

南紫薇的花
照片提供／香川淳

樹皮會頻繁脫落，以利於除去纏繞在樹幹上的藤蔓類。

分布於沖繩、中國及台灣的喬木。在日本關東地區也有種植。其白色樹皮會讓人忍不住多看一眼。

用樹葉分辨

背面

觸感

石榴
葉片具有光澤，摸起來像塑膠。

背面

火刺木屬
葉緣有細細的鋸齒狀，葉形細長（照片中的葉子屬於細圓齒火刺木）。歐洲火刺木的葉片更寬，窄葉火棘則是背面有細毛。

背面

紫薇
葉柄短到幾乎看不見，葉子多半是橢圓形，兩片並排或交錯生長。

背面

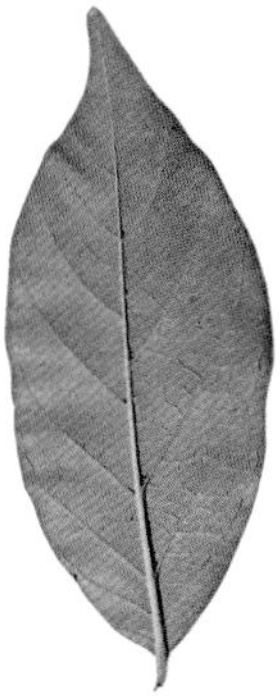

南紫薇
比紫薇的葉片細長一些，葉梢更尖。一樣是兩片並排或交錯生長。

無患子科

日本七葉樹

結束授粉的花會變成紅色，也採得到花蜜。

DATA

Aesculus turbinata

中文名稱	日本七葉樹
別　名	栃木
分　類	闊葉樹／落葉樹／喬木／雌雄同株．同花或雄花
英文名稱	Horse chestnut
開花期	4～6月
結果期	9～10月
植栽地．棲息地	街道、公園
原生地	北海道～九州
人為散布	北海道中北部～九州
用　途	木材可製成家具，果實可製成美味的栃餅。

觸感

黏糊糊的冬芽。由上往下俯視，呈四方形。

據說從繩文時代起，人們就開始吃日本七葉樹的果實了。

花費一番工夫做成的栃餅

外表賞心悅目卻口感苦澀的果實

有人第一次看到日本七葉樹的果實，可能會以為是栗子，高興地撿了一大堆。沒想到，這些果子的味道很苦澀，完全不能吃。站在樹木的立場，倘若撿拾者把手中的果實丟掉，種子就有機會散播出去，也算是好事。但人類不會輕易放棄，「沒有不能吃的道理！」於是，將果實泡在水裡，去除澀味，花費一番工夫，終於做成可食用的栃餅。所以，栃餅是人類堅持信念的產物。

類似的樹木

交種紅花七葉樹
無患子科

由原產於美國的紅花七葉樹與原產於歐洲的歐洲七葉樹交種而成。經常被種植為行道樹，葉緣呈現細密的鋸齒狀。

交種紅花七葉樹的花

有別於日本的七葉樹，冬芽表面不黏滑。

右邊是交種紅花七葉樹，左邊是日本七葉樹。看圖比較兩者葉緣的鋸齒狀。

日本厚朴
木蘭科

其碩大的葉片，經常被用來包裹食物。很多人把它和日本七葉樹搞混，其實只要看樹葉就能分辨。七葉樹由許多小葉構成一片大葉，厚朴則是單一大片葉。此外，厚朴的花很香，但沒有花蜜。

氣味

碩大且散發香氣的花，可是沒有花蜜。

觸感

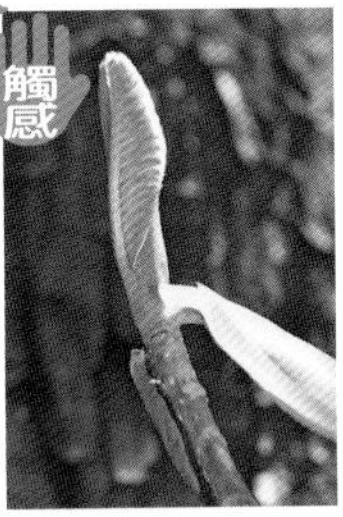
筆狀的冬芽，會長出蓬鬆的新葉。

落葉經常被誤認成紙屑

用樹葉分辨

日本厚朴
人臉大小的碩大葉片。葉片背面泛白。

日本七葉樹
有如天狗團扇般的葉子（掌狀複葉）。

衛矛

衛矛科

果實與紅葉

DATA

Euonymus alatus

中文名稱	衛矛
分　類	闊葉樹／落葉樹／灌木／雌雄同株・同花
英文名稱	Spindle tree
開花期	4～6月
結果期	9～11月
植栽地・棲息地	住宅區、公園
原生地	北海道～九州
人為散布	北海道～九州
用　途	觀賞用。木材可製作成工藝品或印刷木版。

花形好像倒放的暖爐桌

有「錦」之美稱的紅葉

特徵明顯的樹枝

樹枝比普通紅葉更特殊

衛矛的樹枝非常特殊，一眼就能辨識。樹枝上長出剃刀狀的木板，不知道是不是為了防止折斷的補強結構。最近，有些人工培育的衛矛植栽，剃刀板長得特別大，奇特的外表反而比原名由來的「紅葉」更吸引人（衛矛的日文名稱是「錦樹」，錦則有「紅葉」的意思）。野生衛矛的剃刀板不會長得這麼大，有些甚至不會長。沒有剃刀板的衛矛稱為「小真弓」。

西南衛矛

衛矛科

形狀四方的果實

雌花

雄花

分布區域從北海道到九州，雌雄異株，雌株會結出粉紅色的果實。木材常用來製作弓，日文名稱就叫「真弓」。新芽可炸成天婦羅食用。

垂絲衛矛

衛矛科

垂絲衛矛渾圓的果實

垂絲衛矛的花

頂端尖尖的冬芽

分步區域從北海道到九州。花與紅色果實垂掛在枝頭，日文名稱就叫「吊花」。雖然是山林裡的樹木，最近也開始有人在庭院種植了。冬芽的頂端呈尖銳狀。

用樹葉分辨

垂絲衛矛
葉緣有細小的鋸齒狀，樹葉兩兩成對。冬芽尖銳嚇人。

西南衛矛（真弓）
葉緣有鋸齒狀，葉形有的偏圓，有的呈鐮刀狀。葉片比衛矛大，也是兩兩成對。

小真弓
葉緣有細小的鋸齒狀，葉片兩兩成對。葉梢像鳥嘴般細長突出。

衛矛
葉緣有細小的鋸齒狀，葉片兩兩成對。野生衛矛樹枝上的葉翼比較小。

玉蘭

木蘭科

春天，樹上開滿了白花。　照片提供／西山正大

DATA

Magnolia denudata

中文名稱	玉蘭
別　名	白玉蘭、玉蘭花
分　類	落葉樹／闊葉樹／喬木／雌雄同株・同花
英文名稱	Yulan magnolia
開花期	3～4月
結果期	9～10月
植栽地・棲息地	公園、街道、住宅區
原產地	中國
人為散布	北海道～九州、台灣
用　途	曬乾後可製成中藥藥材，可以舒緩頭痛、鼻塞等症狀。

觸感

毛茸茸的花芽，好像一隻被棄養的幼犬。

氣味

花香芬芳，掉落的花瓣卻有一股類似橡皮筋的氣味。照片提供／西山正大

葉梢豎起一角，好像打發起泡的鮮奶油。

香氣馥郁，無花蜜

在春天，白色的玉蘭花開得特別燦爛。比起新葉，碩大的花朵更早綻放，散發馥郁的香氣。不過，掉落的花瓣卻有一股橡皮筋的氣味，令人莞爾。木蘭科的花都很香，但大部分無花蜜。對昆蟲來說，一定很疑惑吧。「明明這麼香，怎麼沒有花蜜？」不過，待在碩大的花朵裡休息一下也不錯，相信牠們不會計較。大概啦！

類似的樹木

日本玉蘭（日本辛夷）
木蘭科

氣味

日本玉蘭的花總會附贈一片葉子

花的根部多了一片葉子，這就是日本玉蘭的註冊商標。從前，農人們在初春時節看到這種花盛開，就知道要插秧了。把它那乾燥掉落的樹枝折斷，會散發出一股好聞的香氣。

種子連結著絲線，隨風搖曳吸引鳥類。

星花木蘭
木蘭科

氣味

氣味很香，但是無花蜜。

各地都有種植，但只有岐阜縣、愛知縣和三重縣有原生的星花木蘭，屬於近危物種。

狀似神社吊掛的紙垂，在日本稱為「紙垂玉蘭」。

柳葉木蘭
木蘭科

氣味

柳葉木蘭的黃葉。枝和葉都很香。

日文的別名是「匂辛夷」（匂是氣味的意思）。若將柳葉木蘭的葉片放在嘴裡咀嚼，可嚐到一股獨特的甘甜味。它和日本玉蘭不一樣，花朵根部並沒有多一片葉子。

氣味

柳葉木蘭的花

其他類似的樹木
洋玉蘭 → p.39

用樹葉分辨

星花木蘭
葉片比其他木蘭小，葉梢偏圓，尖端有的突出、有的凹陷。

日本玉蘭
背面的葉脈清晰，有尖尖的葉梢。

玉蘭
愈往葉梢寬度愈寬。葉尖很像栗子頭。

枇杷

薔薇科

美味的枇杷果實

DATA

Eriobotrya japonica

中文名稱	枇杷
別　名	琵琶果
分　類	闊葉樹／常綠樹／小喬木／雌雄同株・同花
英文名稱	Japanese loquat
開花期	11～1月
結果期	5～6月
植栽地・棲息地	學校、公園、住宅區
原產地	中國
人為散布	日本東北中部以南、台灣
用　途	果實可食用，樹葉可做為藥材。木材可製作成手杖、木刀等。

觸感

雖然布滿細毛，摸起來卻沒有想像中柔軟。

氣味

花香像杏仁豆腐？還是櫻餅？

只要播種大多數會發芽

其葉片特徵是深邃如雕刻品的葉脈，剛長出的新葉則是像驢耳朵。毛茸茸的看起來柔軟，觸感卻沒想像中那麼好。冬季開花，香氣類似杏仁豆腐或櫻餅。在梅雨季節會結出美味的果實，不過，枇杷種子和葉片含有扁桃苷（Amygdalin，一種有毒物質），想用種子泡茶的人要特別留意。枇杷樹的發芽率很高，只要播種幾乎都會發芽。行道樹中間或電車軌道旁，時常可以看到野生枇杷。

用枇杷木製作的木刀很堅硬。

大葉冬青
冬青科

原生於靜岡到九州，現在東北地區的南部也有種植。用尖銳物在葉片背面刻畫，葉片中的單寧會因氧化作用而變黑。

種在郵局旁的「明信片樹」，就是大葉冬青。

雌雄異株，雌木會結出紅色果實。

桂櫻
薔薇科

和大葉冬青一樣，葉片背面可以寫字。樹皮不會跟黃土樹（日文名稱為「賭博樹」）一樣變成橘紅色。

桂櫻的花

樹皮不會變成橘紅色，或許它的賭技高超？！（註：桂櫻的日文名稱是「西洋賭博樹」。）

黃土樹
薔薇科

分布於關東以西到沖繩一帶。樹皮剝落後，露出底層的橘紅色樹幹，比喻為賭徒賭輸後被扒光衣物的模樣。這可不是保佑贏錢的樹喔！小賭怡情即可，切勿沉迷。

黃土樹的果實

樹皮剝落後，露出底層的橘紅色樹幹。

其他類似的樹木
洋玉蘭 ➡ p.39
石楠屬 ➡ p.49

用樹葉分辨

黃土樹
葉片比桂櫻薄，表面具有光澤。葉柄有小疣狀的蜜腺。葉片受傷處不會變色。

桂櫻
厚實的葉片，表面具有光澤。背面葉脈上像斑點的部位是蜜腺。葉片受傷處會變成咖啡色。

大葉冬青
同樣是厚實堅固的葉片，表面具有光澤。葉緣是類似鋸子的鋸齒。葉片受傷處會變黑。

枇杷
葉片厚實，葉脈如雕刻般深邃。背面有很多細毛。

懸鈴木科

懸鈴木屬

迷彩圖案的樹皮。因為樹葉會散發出帶酸的氣味，有時候先聞到才會發現它。

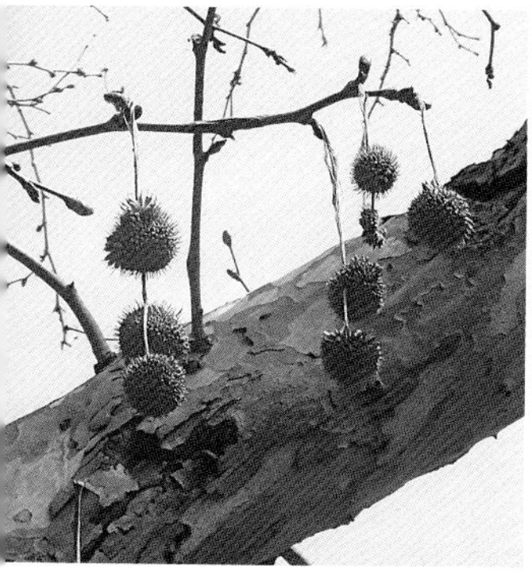

可從吊掛果實的數量來分辨種類。

雄花

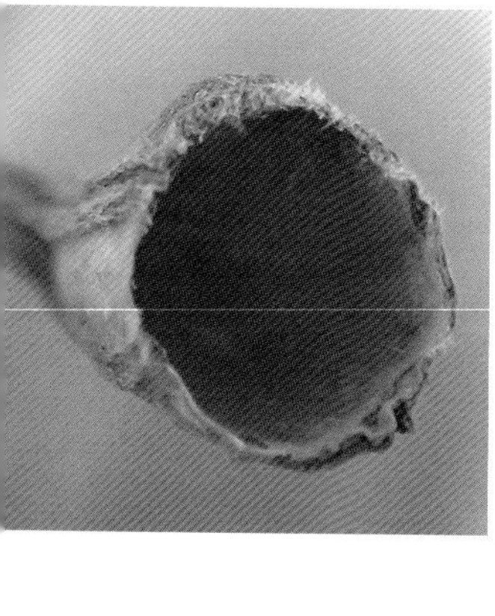

葉片附有頂蓋，可守護冬芽。

DATA

Platanus

中文名稱	懸鈴木
分　類	闊葉樹／落葉樹／喬木／雌雄同株．異花
英文名稱	Sycamore、Plane tree
開花期	4～5月
結果期	10～11月
植栽地・棲息地	街道、公園
原產地	三球懸鈴木（法桐）：東南歐 一球懸鈴木（美桐）：北美
人為散布	北海道以南、台灣
用　途	行道樹、庭園樹

善用魅力轉換跑道

日本有三球懸鈴木（法桐）、一球懸鈴木（美桐）和二球懸鈴木（英桐）。這類樹木生長速度快，在日本國內又可避免外來害蟲的侵襲，多半被種植為行道樹。可是，管理單位經常抱怨它「長得太快，一下子就變得太高大」、「碰到它的話皮膚會發癢」、「氣味不好」等等。它的果實形狀很像芝麻球，秋天一到就會豎起獅鬃般的絨毛到處飛。冬天，掀開迷彩花色的樹皮，可看到底下有一群跟著飄洋過海而來的懸鈴木方翅網蝽正在冬眠。

美國鵝掌楸
木蘭科

原產於北美洲中部。很多人會用「半纏」、「T恤」或「裸海蝶」來形容這種樹特殊形狀的葉片。它是木蘭科中少見有花蜜的樹，可從花瓣的橘色箭頭來辨識。

英文稱這種樹為「鬱金香樹」

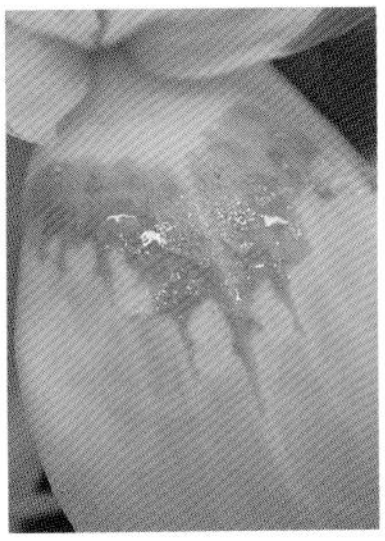
花瓣上的橘色箭頭部位富含花蜜

北美楓香樹
楓香科

原產於北美洲中南部及中美洲。其樹脂可製成香料，連葉片都有香氣。

它的紅葉很像楓葉，不過葉片並沒有兩兩成對。

樹枝上長出肥厚的木栓質翅（註：一種含蠟質的結構）

楓香
楓香科

原產於台灣及中國南部。日文漢字寫成「楓」。楓香的葉片具有獨特香氣，形狀和三角槭很相像。

美麗的紅葉

春天的新葉

其他類似的樹木
美國紅楓 ➡ p.19

用樹葉與果實分辨

楓香
外型完全就是動畫片《龍貓》裡的「黑炭」。種子會從殼孔裡飛散出來。

北美楓香樹
果實比楓香更堅硬，帶有翅膀的種子會從殼孔裡飛散出來。

美國鵝掌楸
果實形狀就像收起的螺旋槳，它會在樹上團團打轉，讓種子朝四周飛散。

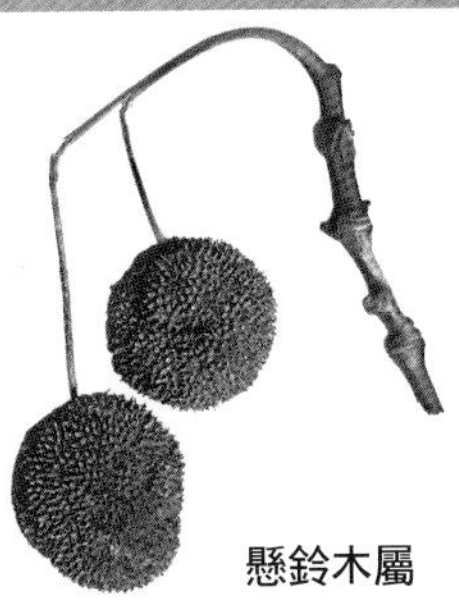
懸鈴木屬
狀似芝麻球的果實裡，滿是黃色細毛的種子。

楓香
葉片缺口比北美楓香樹少，但同樣會散發香氣。

北美楓香樹
像楓葉一樣具有缺口的大型葉片。氣味很香。

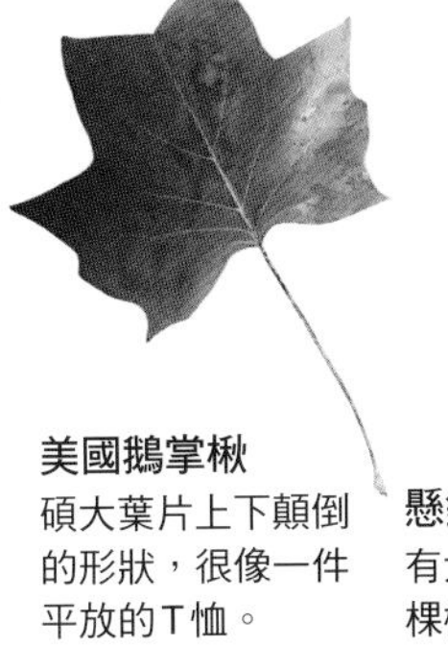
美國鵝掌楸
碩大葉片上下顛倒的形狀，很像一件平放的T恤。

懸鈴木屬（二球懸鈴木）
有大缺口的大片葉子。同一棵樹有時會散發出醃火腿的酸味，有時又沒有。

白色部位並非花瓣，真正的花在中央的小團塊。不過，照片中的花已經凋謝了。

山茱萸科

四照花

DATA

Cornus kousa

中文名稱	四照花
別　名	石棗、青皮樹
分　類	闊葉樹／落葉樹／喬木／雌雄同株・同花
英文名稱	Kousa dogwood、Japanese flowering dogwood
開花期	5～7月
結果期	9～10月
植栽地・棲息地	住宅區、公園、街道
原生地	本州～九州
人為散布	北海道中部以南、台灣
用　途	果實可食用或製成水果酒。木材可製成家具或印章。

不同品種的頭狀四照花

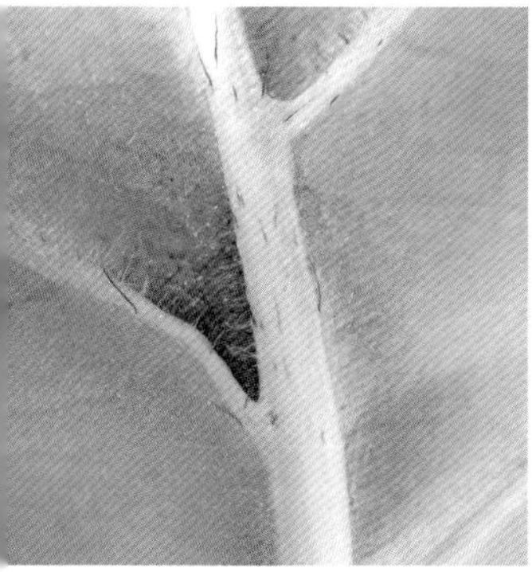

細長的側脈根部有咖啡色細毛

其果實配合猴子喜好的尺寸，且香氣十足。

果實口味隨食用對象而改變

四照花原產於包括日本在內的東亞，大花四照花（日文名稱：花水木）則是原產於美洲，兩者的果實完全不同。吃四照花的果實要碰運氣，有的非常好吃，味道就像熱帶水果，但也有難吃的。常有人說，四照花的果實跟著猴子一起進化。另外，大花四照花的果實則是配合鳥類的口味。最近，中國原產的頭狀四照花在日本也很受歡迎，雖然品種不同，仍被視為「四照花」的一種，在市面上流通。

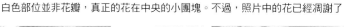

類似的樹木

山茱萸科

大花四照花

原產於美國。當年日本將染井吉野櫻贈送給美國，美國則以大花四照花回禮。它的樹幹像柿子樹，這也是不同於四照花的特徵。

大花四照花真正的花是中央的團塊

紅色果實是為了吸引禽鳥類

山茱萸科

山茱萸

原產於中國，在日本有「春黃金花」與「秋珊瑚」的別名，用來形容它那美麗的花朵和果實。若是直接吃果實的話，會有很濃的澀味，將之製成果醬還不錯。

晶瑩剔透的美麗果實

初春盛開的山茱萸花

山茱萸科

燈台樹（日文名：水木）

樹本身含有大量水分，從前經常被種植在城牆旁等地方，用意是防火。春天，樹枝被砍下後，會流出很多樹液。

燈台樹的花叢，供不擅飛行的甲蟲類停留。

大紅色的冬芽

用樹葉分辨

燈台樹
側脈很長。將葉片撕開，會露出白色的維管束。

山茱萸
葉背的葉脈分歧點長有濃密的側毛。

大花四照花
側脈拉出一條長弧形。

頭狀四照花
葉片的形狀和柿子樹很像。葉片會在冬季轉紅，春天一到，新葉長出，老葉掉落。

四照花
葉背的葉脈分歧點長有側毛。

桃金孃科

尤加利屬

高大的喬木。樹皮會大片剝落。

DATA

Eucalyptus	
中文名稱	桉樹、尤加利樹
分　類	闊葉樹／常綠樹／喬木／雌雄同株．同花
英文名稱	Eucalyptus
開花期	不定（在原產地是雨季過後）
結果期	不定
植栽地・棲息地	公園、學校、住宅區
原產地	澳洲
人為散布	日本東北～沖繩縣、台灣
用　途	葉子可做為藥用。木材是木漿原料。尤加利精油可製成香料或藥用。

葉片的正片和背面沒有太大差異

尤加利果實。裡面有小小的種子。

生長一段時間後，葉片的形狀會改變（上方的葉片變得細長）。

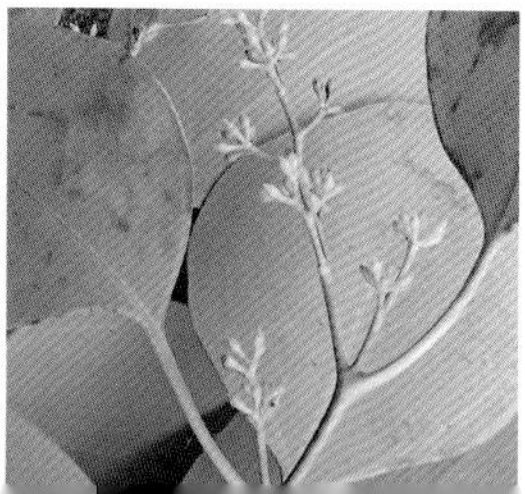

多花桉的花蕾

氣味

只有人類和無尾熊覺得氣味芬芳？

原產於澳洲，以無尾熊愛吃的食物聞名，全世界總共有五百多種不同的尤加利樹。尤加利樹的氣味雖然芬芳，但一般動物似乎不太喜歡，種有尤加利樹的地方往往能減少野生動物造成的損害，也有防蟲的效果。尤加利樹生長速度快，而且長得很高大，但不耐修剪。如果太用力劈砍或修剪，整株樹甚至會枯萎。我通常會保留底下長出的新枝，剪下舊枝，以完成交接。

加拿大唐棣

薔薇科

分布於加拿大和美國，別名美國唐棣。多半在六月結果，在日本又稱為「六月莓」（Juneberry）。果實味道尚可，花和果實的造型都很可愛，長出冬芽的時候最可愛。

果實可食用

加拿大唐棣的冬芽毛茸茸的

春天開花。照片提供／香川淳

煙樹

漆樹科

原產於南歐、喜瑪拉雅山和中國北部。在日文還有「白熊木」之稱。雌雄異株，只有雌株會長出蓬鬆的羽狀花梗，它的花梗比花朵本身還搶眼。

遠看像一團團的煙霧，故名煙樹。

穗尖開著細小的花

其他類似的樹木

金合歡屬 ➡ p.31
橄欖樹 ➡ p.46
紅千層 ➡ p.47

用樹葉分辨

煙樹
葉柄很長，葉緣無鋸齒狀，葉片呈圓形。側脈略微張開。

加拿大唐棣
嫩葉有細毛，葉緣呈鋸齒狀。

尤加利屬（品種為多花桉）
正面與背面的差異不大。多為葉緣沒有鋸齒狀的泛白綠葉。

植物用根系呼吸

各位讀者都是怎麼為植物澆水的呢？樹木的根系會吸收水中的氧氣，用這種方式來呼吸。關於根系的事，用盆栽來說明或許比較容易理解。

平常要是頻繁澆水，僅一次澆少量的水，便無法將盆內的舊空氣完全推出盆外，對根系而言，缺乏新鮮空氣帶來的氧，就容易發生爛根的情形。澆水時，朝著土壤的乾燥表面澆淋，一直澆到水從盆底流出，這樣才能把舊空氣推出，注入新鮮空氣。把「澆水」想成「換氣」，就可以做得比較順利了。

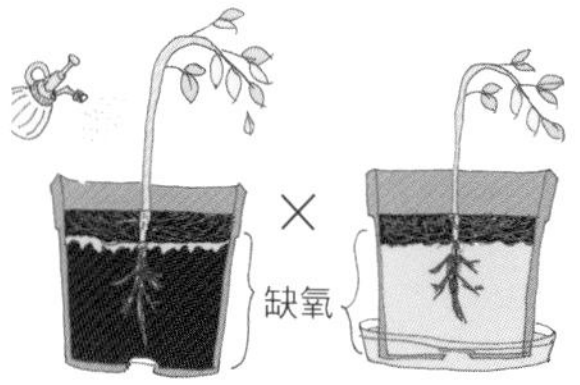

因此，使用盆底無洞的花盆或在盆底放水盤，一樣會讓根系無法呼吸，容易引起根系腐爛。根部周圍的土壤太厚，也是造成缺氧的原因之一。如果是水耕栽培，就要讓水保持流動，為根系製造一個不會缺氧的環境。

根系延伸的範圍

有人說枝葉散得越開，根系就會延伸得越遠。事實上，根系延伸的範圍甚至能超越枝葉開散的範圍。倘若土壤太堅硬，根系無法順利延伸出去，還是會尋找縫隙向外鑽。

移植並不簡單

很多人以為移植樹木是一件簡單的事，然而，對於所有樹木來說，移植都有危及生命的風險。因為只有鬚根能夠吸收水分，移植時必須在事先挖出的根球內養根（讓鬚根長出來），以降低移植的缺氧風險。

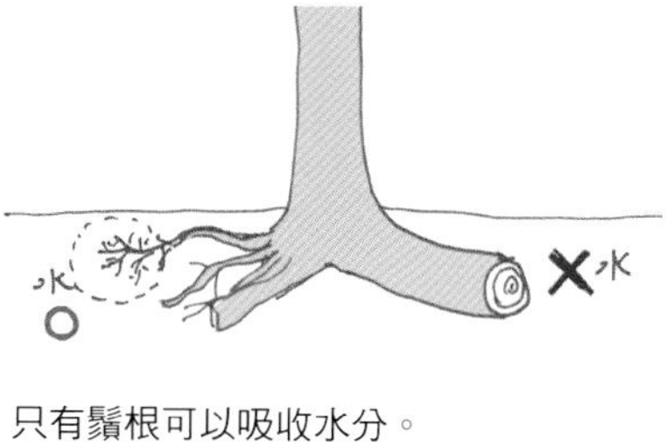

只有鬚根可以吸收水分。

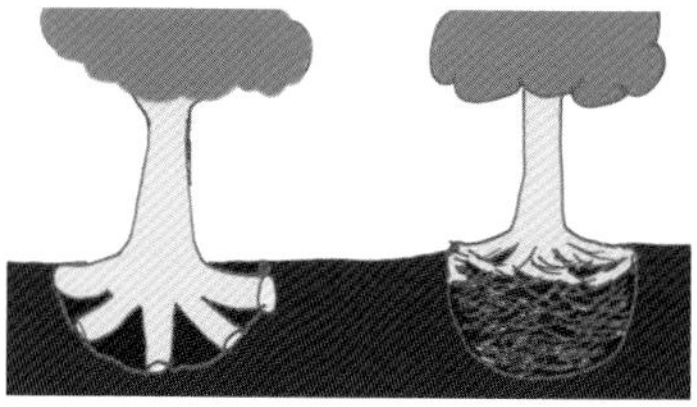
在根球內做斷根處理，促使植物長出鬚根，製作苗木（右）。
根系恣意伸展的樹，根球內沒有鬚根，無法順利移植（左）。

第 3 章

好像有聽過的樹

梅樹

薔薇科

DATA

Prunus mume

中文名稱	梅
別　名	白梅
分　類	闊葉樹／落葉樹／小喬木／雌雄同株・同花、雄花
英文名稱	Japanese apricot
開花期	2～3月
結果期	6月
植栽地・棲息地	學校、住宅區、公園
原產地	中國中部
人為散布	北海道南部以南、台灣
用　途	花可做觀賞用，果實可食用（青梅的種子有毒，不能生吃）。

沒有花柄，香氣濃郁。

觸感

果實表面覆蓋一層柔軟絨毛

有兩個花芽。這是我「推崇」的偶像。

食物調味要靠鹽梅

梅樹不同於桃樹或櫻樹，新長出來的樹枝多半是綠色。日文有「鹽梅」一詞（譯註：原意為調味用，引伸為對事物的拿捏、安排），梅肉和鹽巴自古以來就是人們使用的調味料。古人的食物，嚐起來不知道是什麼味道呢？梅樹中有很多是與杏樹或李樹交種的品種，可依掉落的果實種子（果核）來判斷。梅樹、桃樹和櫻樹等稱為「種子」的部位，其實是內果皮木質化的果核，柔軟的種子就在果核裡。

梅子的青色果實含有毒的扁桃苷，製成梅乾等加工食品後，才可安心食用。

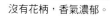

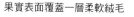

類似的樹木

杏樹
薔薇科

杏花的花萼呈反折狀

原產於中國。黃色的果實味酸，適合加工製成果醬或果乾。在學校的校園裡經常可看到杏樹。

桃樹
薔薇科

真正的桃葉和杏仁一樣細長，但日本民間故事《桃太郎》中的桃子，葉片都畫得好像山茶花。

桃花

觸感

桃花的冬芽有白色絨毛

扁桃
薔薇科

原產於西南亞。美國當地也有栽培。其果實與桃子很像，只是果肉不能吃。果核裡的種子就是大家熟悉的杏仁果。

扁桃花比杏花或桃花大些

果實和桃子很像

其他類似的樹木
櫻樹（染井吉野）➡ p.82
梨屬 ➡ p.105

用樹葉與果實分辨

桃樹
細長的葉子，葉緣有鋸齒狀，葉柄有小小的蜜腺。

杏樹
比梅樹的葉片寬圓。葉柄上有小小的蜜腺。

梅樹
葉型偏小，葉緣有鋸齒狀，葉梢拉長宛如尾巴。葉柄上有極小的蜜腺。

扁桃
比起桃樹，形狀更細長。裡面的種子就是可食用的杏仁果。

桃樹
果核的外殼表面有迷宮狀的紋路。有大有小。

杏樹
杏樹和梅樹不一樣，果肉與果核容易分離。種子（果核）表面較少凹凸。

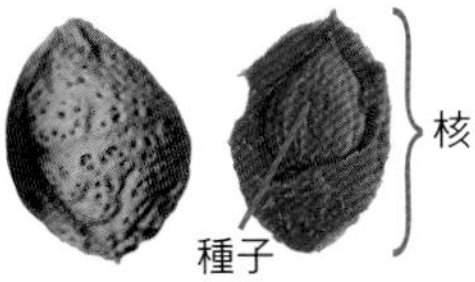

梅樹
果核的外殼布滿針孔般的小洞（柔軟的種子就在其中）。

氣味

連香樹

連香樹科

散發出秋日暖陽般溫柔甜香的黃葉

DATA

Cercidiphyllum japonicum

中文名稱	連香樹 日文漢字名：桂 （註：與中文的桂樹不同）
分　類	闊葉樹／落葉樹／喬木／雌雄異株
英文名稱	Katsura tree
開花期	3～5月
結果期	10～11月
植栽地・棲息地	公園、住宅區、街道、里山、河岸
原生地	北海道～九州
人為散布	北海道～九州、台灣
用　途	木材可做為建材，或製成家具、工藝品、鉛筆及棋盤等物品。

果莢裡是會飛的種子

雌株的雌花

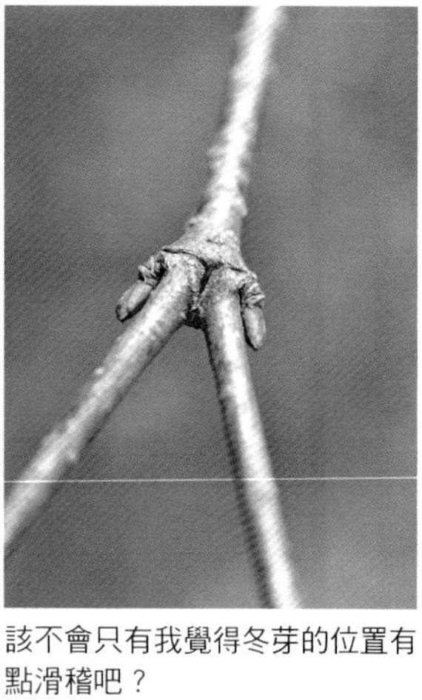

該不會只有我覺得冬芽的位置有點滑稽吧？

假髮？醬油糰子？秋天的暖陽？

連香樹的日文名稱，來自「散發香氣」的意思，只是日文發音正好和「假髮」一樣，孩子們聽到的時候，往往都以為是假髮。連香樹的葉片還是綠色時，沒有味道，但轉為黃葉後就會散發出一股香氣。那味道有點像醬油糰子的甜鹹味或棉花糖的甜香，也有點像布丁底層的焦糖香。一位男性形容這氣味宛如「秋天的暖陽」。怎麼形容得這麼美！滿腦子只有食物的我真是太丟臉了。不過，為什麼它連落葉也那麼香呢？或許在誕生這種樹的白堊紀，有什麼原因讓它散發香氣吧。

類似的樹木

雙花木
金縷梅科

在岩石地形中常見其自然生長，不過只限定於某些地區。在住宅區和公園裡也有人工種植的雙花木，一到秋天，呈愛心形狀的葉片就會變成紅色。

雙花木的花。
在日本有「紅滿作」的別稱。

未成熟的果實

紅色心形葉片

紫荊
豆科

原產於中國。葉片宛如撲克牌黑桃形狀，帶有光澤。春天盛開粉紅色的花，秋天長出黑色的豆莢。

紫荊花

青嫩的豆莢

小葉瑞木
金縷梅科

經常種植在公園或道路旁，春天盛開黃色的花。小葉瑞木在日文稱為「日向水木」，長大以後，就會變成另一種名叫「土佐水木」的樹。

春天綻放黃色的花

摺合的葉片打開後，好像波浪形洋芋片。

用樹葉分辨

小葉瑞木
波浪洋芋片般的葉片，葉梢有細毛狀。

紫荊
葉緣沒有鋸齒狀，葉片表面帶有光澤，葉柄根部隆起（豆科的特徵）。

雙花木
葉緣沒有鋸齒狀的心形葉片。葉柄偏長，秋天會變成紅葉。

連香樹
葉片呈渾圓的心形，葉緣有鋸齒狀，葉梢不太尖。

芸香科

金柑

生長速度緩慢，出乎意料的是會長得很高大。

香氣馥郁的花朵（每棵樹的花期不一定）

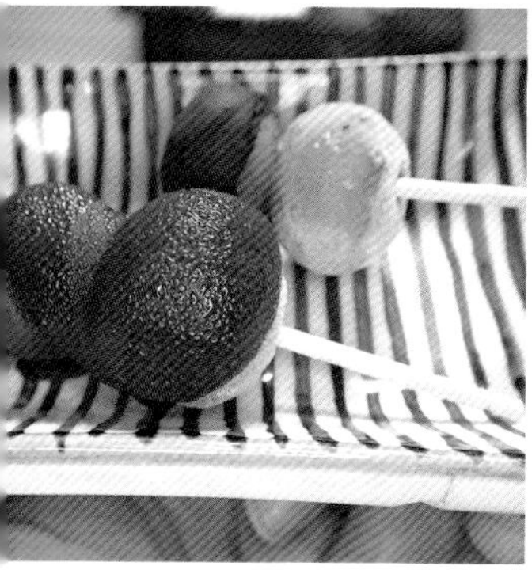

製成甘露煮再淋上巧克力，真是絕品美味。

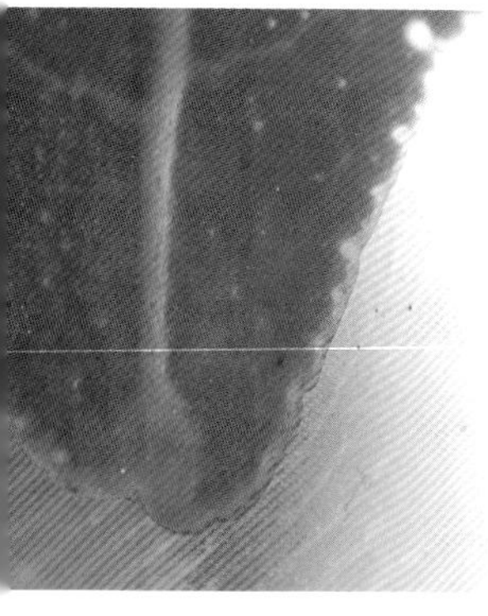

柑橘屬的葉梢多半都有「屁股下巴」

DATA

Citrus japonica

中文名稱	金柑
別　名	金橘
分　類	常綠樹／闊葉樹／灌木／雌雄同株．同花
英文名稱	Kumquat、Cumquat
開花期	7～10月（全年）
結果期	11～5月（全年）
植栽地．棲息地	住宅區、公園、寺廟神社
原產地	中國中部
人為散布	日本東北南部～九州、台灣
用　途	果實可直接食用，還有止咳和減緩喉嚨痛的功效，亦可做為藥用。

這是一種可「品嚐果皮」的理想水果

芸香科柑橘屬的植物是鳳蝶幼蟲的食物，鳳蝶會自動上門來產卵。有高中生看到分裂的葉梢，替它取了一個「屁股下巴」的綽號。朋友說，「柑橘類就是果皮好吃」，想品嚐果皮的味道，最理想的水果莫過於金柑。生食可口，製成甘露煮搭配巧克力，更是美味。柑橘屬的樹木都在晚春開花，只有金柑的花在夏天盛放，散發一股清爽的香氣。

類似的樹木

香橙 芸香科

原產於中國。日本東北中部到九州各地都有栽培。香橙可以用來泡澡，也能廣泛地運用在各式料理中。其樹枝意外地多刺。

春天開出芬芳的白花，吸引不少昆蟲。

香橙味噌

果實較小，品種不同的「花柚」，也常被稱作「香橙」（譯註：日文名稱是「柚子」，但跟中文的柚子不是同一種水果）

檸檬 芸香科

原產於喜瑪拉雅山脈東部。雖然檸檬是南方水果，但在日本關東也有栽培。它的刺很細，扎人會痛。

檸檬的花蕾為紫色

檸檬果實。葉片也有檸檬香。

枸橘 芸香科

原產於中國長江上游流域。在柑橘屬中算是特別耐寒的種類，在日本東北地方也有栽培。以前，因為這種樹具有粗硬的刺，經常種來當作圍牆籬笆，現在反而因為硬刺扎人而不受好評。

花香怡人，但要注意硬刺。

秋天結果，葉子會掉落。

其他類似的樹木
女楨 ➡ p.134
鐵冬青 ➡ p.141

用樹葉分辨

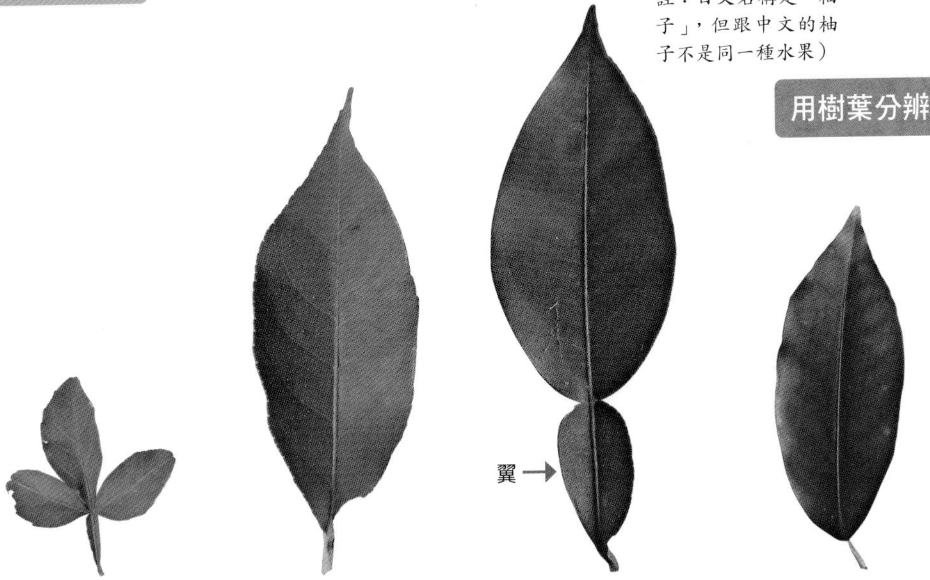

枸橘
三片葉子組成一片。枸橘感覺很像常綠樹，但在秋冬會落葉。

檸檬
葉梢尖尖的，葉柄的翼很小。

香橙
葉柄有寬翼。葉梢裂開宛如屁股下巴。

金柑
葉梢有小小的分裂，葉柄幾乎無翼。

氣味

臭梧桐

唇形科

花香和茉莉花很像

紅色果莢和藍色果實都是為了吸引鳥類

在東北地區看到的臭梧桐，感覺中規中矩，但也有可能在溫室效應下，發揮恣意怒放的生長本領。

冬天的葉痕很像一隻小青蛙

DATA

Clerodendrum trichotomum

中文名稱	臭梧桐
別　名	臭牡丹、海州常山
分　類	闊葉樹／落葉樹／小喬木／雌雄同株．同花
英文名稱	Harlequin glorybower
開花期	7～9月
結果期	9～11月
植栽地．棲息地	公園、住宅區、街道
原生地	北海道南部以南
人為散布	北海道中部以南、台灣
用　途	嫩葉可食用，果實可製成染料。

現在已經沒有這個「臭名」了

將臭梧桐的葉片撕開，會聞到一股異味，這就是「臭梧桐」名稱的由來。可是，現在的年輕人聞到這個味道，會說像花生醬、維他命錠、醃蘿蔔、藍黴起司等等。或許，現代人對氣味的感受已經和過去不同了。不過，倘若一整天都在修剪臭梧桐的葉片，還是會覺得那股味道不好聞。但是，臭梧桐的花反而有一股香氣。在日本的關東以西，到處都有種植，幾乎被視為雜草等級了。在寒冷地區則低調地生存著。

類似的樹木

野梧桐
大戟科

從前，人們會使用它的葉片來包飯。

紅色部位是葉片細毛的顏色

發出的新芽是紅色的，在日本稱為「赤芽柏」。雌雄異株，透過鳥類傳播黑色果實。在軌道旁或電線桿下，時常看到野梧桐生長於此。

野葛
豆科

氣味

秋天開的花有「芬達葡萄汽水」的味道

觸感

柔軟的新葉

野葛四處攀爬的藤蔓雖然惹人厭，但剛長出來的新葉柔軟，觸感舒適。冬天的葉痕表情豐富，粗壯的根部可以用來製作葛粉。

臭牡丹
唇形科

氣味

花很美，但長得太快了。

原產於中國。葉脈偏紅，其花與臭梧桐不一樣。但葉片的氣味幾乎相同。

其他類似的樹木
毛泡桐 ➡ p.50
山桐子 ➡ p.51

用樹葉分辨

野葛
三片一組的葉子，葉柄有隆起的葉枕。

野梧桐
葉柄根部有兩個扁平的蜜腺，會吸引螞蟻覓食。嫩葉的葉片上長滿紅色細毛。

氣味

臭梧桐
葉片外形像撲克牌的黑桃，有細毛。撕開葉片會散發獨特的氣味。

氣味

臭牡丹
葉緣呈彎曲不規則的鋸齒狀。葉柄偏紫紅，撕開葉片會散發一股跟臭梧桐一樣的氣味。

樟樹

樟科

日本最粗大的樟樹，鹿兒島縣蒲生八幡神社的大樟樹。

DATA

Cinnamomum camphora

中文名稱	樟樹
別　名	芳樟、香樟
分　類	闊葉樹／常綠樹／喬木／雌雄同株．同花
英文名稱	Camphor tree、Camphor laurel
開花期	5～6月
結果期	10～11月
植栽地．棲息地	公園、街道、學校
原生地	四國～九州、台灣
人為散布	日本東北中部以南
用　途	其葉片和根部刨片可製作樟腦（防蟲劑）。樹幹可當作建材或製造佛具。

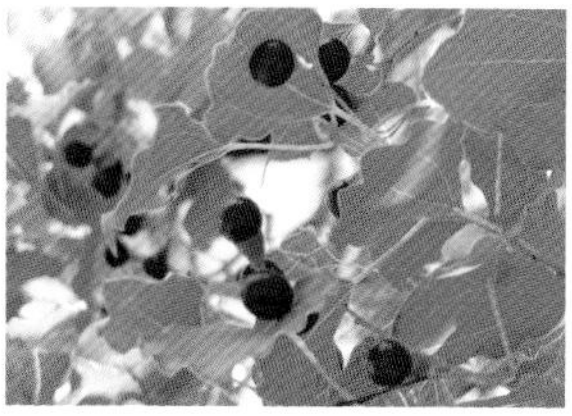

樟樹的果實

樟樹的花

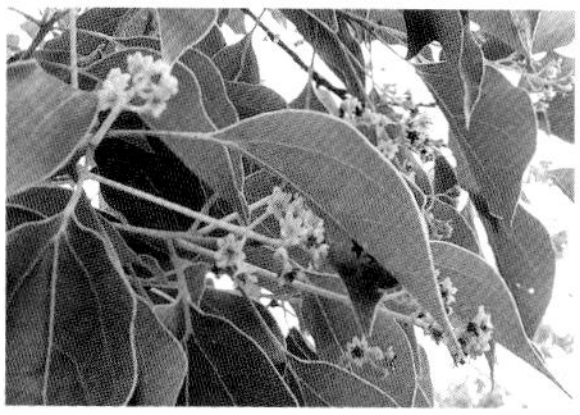

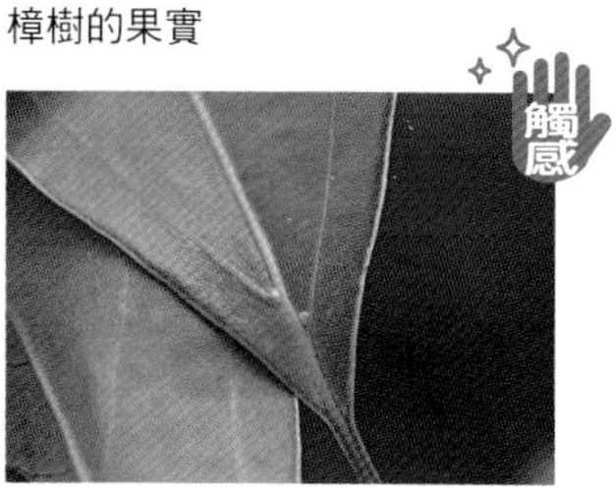

葉脈分歧處有隆起的蟲穴

將掉落的樹枝折斷，散發的氣味比活枝更芬芳。

將樹枝折斷，會散發出「無印良品」的香氣

日本關東以北地區原本沒有樟樹，直到樟樹適應了寒冷氣候，人們才開始種植。在樟樹的樹齡尚淺時，移植整株樹的難度較高，若移植砍伐後的樹樁（含根部），則比較簡單。樟樹屬於常綠樹，但在春季還是會落葉。其枝葉可用來當作衣物驅蟲劑（樟腦）。樹枝很容易脫落，感覺很粗線條，但掉落的枝葉總散發出一股「無印良品店舖」的好聞氣味，那就饒了它吧。

白新木薑子
樟科

新葉的觸感很舒適，但稍縱即逝。

雌株的果實

分布於日本東北地區中部以南，看起來像普通的雜樹林。雌雄異株，果實需要一年時間才會成熟，在雌樹上和花一起長出來。

日本桂皮
樟科

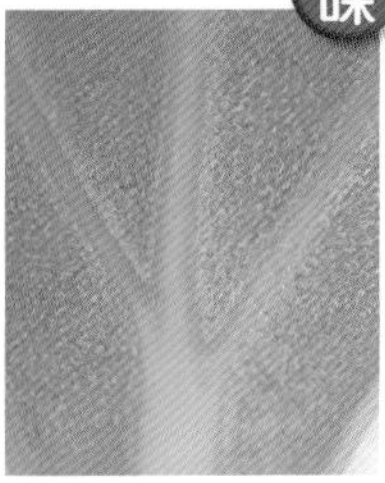

日本桂皮葉背的細毛

放在日本桂皮葉片上的豆沙包

其香味和肉桂（錫蘭肉桂）很像，只是氣味比較微弱。在鹿兒島地方稱其為「桂心」（kes-en），用來製作名產「桂心糰子」。生性不耐寒。

天竺桂
樟科

天竺桂葉片背面無毛，兩兩交錯生長。

分布於福島以南。雖然本身也有香氣，但比日本桂皮更微弱。樟科的白新木薑子，日文稱為「白柫」，而天竺桂相較之下，樹皮偏黑，因此有「黑柫」之稱。

其他類似的樹木

紅楠 ➡ p.119
女楨 ➡ p.134
鐵冬青 ➡ p.141

用樹葉分辨

日本桂皮
葉脈分成三股。葉片有一股肉桂香，背面有些許細毛。

白新木薑子
嫩葉的葉片覆蓋一層柔軟細毛，待顏色轉為深綠後，細毛仍有少量殘留。葉背泛白，撕開有香氣。

樟樹
葉脈分成三股，分歧處有隆起的蟲穴。撕開葉片會散發一股清香。

桑樹

桑科

野桑會留下花的柱頭，白桑並不會。

從掉落的桑葚果實中長出來的桑實杯盤菌（菌類）

生長於水邊的桑樹和幼桑樹的葉形各有不同

雌花的雌蕊柱頭

DATA

Morus australis

中文名稱	小桑樹
別名	野桑
分類	闊葉樹／落葉樹／灌木～喬木／雌雄異株、偶有同株．異花
英文名稱	Mulberry
開花期	4～5月
結果期	6～7月
植栽地．棲息地	公園、街道、住宅區、田畝
原生地	北海道～九州
人為散布	北海道～九州、台灣
用途	葉片是蠶的食物，果實可食用。其木材可製成家具及樂器。

與各種生物廣結善緣

桑葉可用來養蠶。通常人們對它的印象是灌木，其實桑樹可以長得很高大。桑樹的果實稱為桑葚（或桑椹），變黑後就可以吃了。桑樹上時常有各種生物聚集，往往被摧殘得體無完膚。但也拜此之賜（？）鳥類經常來吃桑葚，並將種子帶往各地，桑樹也就得以四處繁衍，或許根本不需要同情它。

小構樹
桑科

分布於岩手縣以南到九州地區的灌木。以前，人們會取用它的樹皮來製造纖維。鳥類會飛到其樹上啄食果實，並將種子帶往各地生長，就連城市裡也看得到小構樹的身影。

果實的口感像甜甜的秋葵

雌花（左）與雄花（右）

構樹
桑科

原產地不明。和紙（日本宣紙）的原料楮樹，是由小構樹與構樹交種而成。構樹也可當作布織品的原料。

甜膩的果實，比小構樹的果實大一點。

生長速度快，可以長成大樹。

水團花
茜草科

生長於九州南部山谷內的灌木。類似品種有原產於美洲的風箱樹，以及原產於中國的細葉水團花，因為形狀獨特，也被稱為「人工衛星之樹」。

生長於山谷間的水團花

有「人工衛星之樹」稱號的風箱樹及細葉水團花的花。

其他類似的樹木
無花果 ➡ p.51
朴樹 ➡ p.128

用樹葉分辨

構樹
葉柄偏長，葉片整體有細密的絨毛，觸感粗糙。

小構樹
葉脈尖端沿著葉緣相連。

桑樹（野桑）
葉片有不同形狀，有的葉緣裂開，有的只有鋸齒狀而沒有裂葉。它的葉脈還沒長到葉緣就中斷了，彼此尖端互不相連。

薔薇科

櫻樹（染井吉野）

我用偶像明星比喻染井吉野，結果被別人怒斥說：「不對！應該是美空雲雀。」

DATA

Cerasus × *yedoensis* 'Somei-yoshino'

中文名稱	染井吉野
別　名	吉野櫻
分　類	闊葉樹／落葉樹／喬木／雌雄同株・同花
英文名稱	Cherry
開花期	3～5月
結果期	6～7月
植栽地・棲息地	街道、學校、寺廟神社、公園
人為散布	北海道中部～九州、台灣
用　途	觀賞用，花可製成鹽漬食品。

花萼與花柄有細毛，是來自江戶彼岸櫻的血統？

很多人說櫻樹不會結果，其實它結的果還滿多的喔。

疣狀蜜腺會分泌蜜汁，吸引螞蟻來守護，以免遭受害蟲侵襲。

櫻樹原本是「獨行俠」

染井吉野是江戶彼岸櫻和大島櫻的交種，以嫁接方式增生。原本野生的櫻花樹不會形成群聚，在山上總是獨株開花。櫻樹的落葉具有阻礙其他植物發芽的化感作用（相剋作用），只要有落葉，樹幹下連雜草都不太會生長。公園裡的同一塊土地，如果種過櫻樹，要再種一棵也會產生連作障礙，第二棵多半長得不好。櫻樹被砍伐後，從樹樁或根部長出的分蘗枝有時可以培育成大樹。

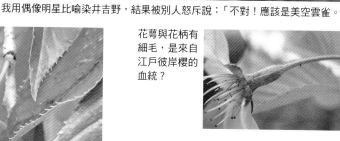

河津櫻

薔薇科

大島櫻與緋寒櫻的自然交種。花期從二月開始，不過在寒冷地帶，會和其他品種的櫻花在差不多的時期開花。

早開的櫻花能吸引觀光客

開花時像一只倒扣的碗

布氏稠李

薔薇科

花朵形狀宛如刷子，雖然跟灰葉稠李很像，但花柄無葉。冬芽呈紅色或褐色，很漂亮。

布氏稠李的花柄無葉

美麗的紅色冬芽

灰葉稠李

薔薇科

好不容易長出的新枝，入秋後就幾乎掉光了。不過，同一個部位還會再長出新枝，而且愈長愈粗壯堅硬。

灰葉稠李的花柄有葉子

果實成熟的過程由紅轉黑，綠色的青嫩果實拿來泡酒很美味。

冬芽像個小瘤

其他類似的樹木
水目櫻 ➡ p.29

用樹葉分辨

背面

灰葉稠李
葉形上窄下寬，葉尖如尾巴。葉片基部有細微的蜜腺。

背面

布氏稠李
葉形上寬下窄，有細微的蜜腺。

河津櫻
葉片無毛，根部有蜜腺。葉緣有單鋸齒或重鋸齒兩種。

櫻樹（染井吉野櫻）
葉脈與葉柄有細毛，葉柄根部有疣狀蜜腺。

茶梅

山茶科

白底帶淡粉紅色的花瓣是茶梅原本的模樣。其花香融合了蔬菜與花卉的氣味。

DATA

Camellia sasanqua

中文名稱	茶梅
分　類	常綠樹／闊葉樹／小喬木／雌雄同株・同花
英文名稱	Sasanqua camellia
開花期	10～12月
結果期	10～11月
植栽地・棲息地	住宅區、寺廟神社、公園
原生地	山口縣、四國南西部～南西諸島
人為散布	日本東北中部以南、台灣
用　途	庭園植栽、圍牆籬笆

果實有毛

雌蕊內的子房有長毛。果實就在這裡。

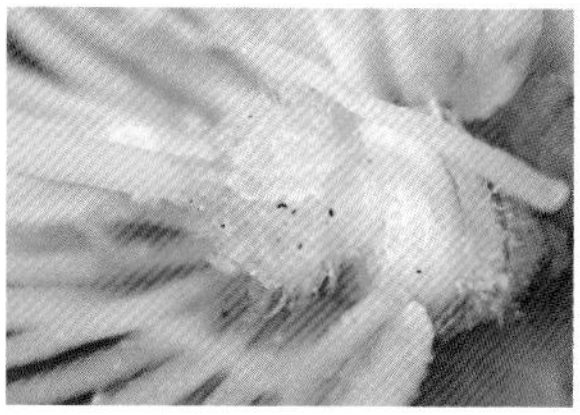

立寒椿的花

毛茸茸的茶梅

茶梅和山茶花的差異之處在於毛。茶梅的特徵是葉柄和果實都有細毛，花瓣是一片一片依序掉落的。山茶花的花瓣是一口氣掉落，就像同時脫掉好幾層衣服一樣，我每次看到落花中的孔洞，都會忍不住笑出來。而經常種來做為籬笆的立寒椿，雖然名為「椿」（譯註：日文的「椿」是山茶花之意），花瓣卻是一片一片掉落，可說是「正在進行落花」。茶梅和山茶花都是生長在溫暖地帶的樹，卻也能適應寒冷的氣候。

觸感

山茶科

山茶花（日本山茶）

花瓣一口氣掉落後，會留下一個滑稽的孔洞。

花瓣掉落後，殘留的雌蕊子房和果實一樣光滑。

分布於北海道西南部到九州。冬天，以紅花吸引鳥類，並準備了充足的花蜜以供吸食。種子可榨成茶花油。

山茶科

茶樹

可愛的花有黃色的雄蕊

新葉可製成綠茶或紅茶

原產於印度、越南和中國。在日本栽培的茶樹，有九成是名為「藪北」的品種。雖然屬於南方系統，最北可以種到北海道的積丹半島。

灰木科

小葉白筆

小葉白筆的花

樹葉邊緣具有凹凸不平的有趣觸感

分布於近畿以西到九州。因為其木灰可用來染布，在日本稱為「灰之木」。不耐移植。

其他類似的樹木

柃木 ➡ p.136

用樹葉分辨

小葉白筆
葉片光滑，邊緣有凹凸不平的有趣觸感。

茶樹
葉梢略微凹陷，葉脈起皺。

山茶花（日本山茶）
葉片光滑無毛。

茶梅
比山茶花的葉片小，未滿一年的枝有很多細毛。

杜鵑（大紫躑躅）

杜鵑花科

花瓣上的斑點是為了引導鳳蝶來吸取花蜜

觸感

在斑點的深處就能找到備妥的花蜜

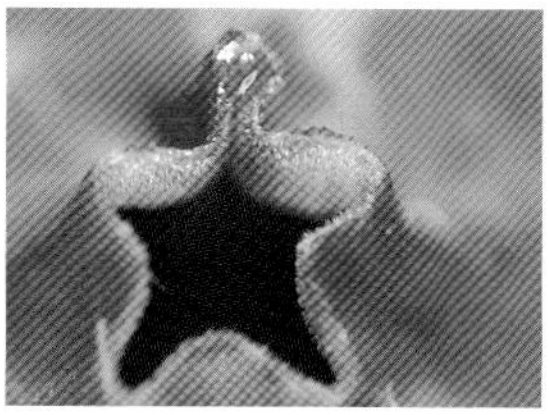

被黏膩的芽沾住，動彈不得而死亡的昆蟲。

過冬後長出小葉。杜鵑是每隔半年就會新舊葉交替的半常綠樹。

DATA

***Rhododendron x pulchrum* 'Oomurasaki'**

中文名稱	平戶杜鵑、大葉杜鵑、錦繡杜鵑
別　名	躑躅
分　類	闊葉樹／半常綠樹／灌木／雌雄同株．同花
英文名稱	Azalea
開花期	4～5月
結果期	9～11月
植栽地 棲息地	街道、公園、住宅區
人為散布	北海道～沖繩、台灣
用　途	花作為觀賞用

長壽也未必好

大紫躑躅是街道旁常見的植栽，又稱為平戶杜鵑，它是誕生於長崎縣平戶市的園藝品種，可開出粉紅色的大花。杜鵑屬的植物多半長壽，有些甚至能活上八百年。可是，這種植物並不會長成大樹，就算真的活了八百多歲，也只換來一句「八百多歲才長這樣？」似乎不太受到尊敬。街道旁的杜鵑一副「我無所謂」的樣子，一再地被人們移植或修剪，讓人覺得好辛苦。

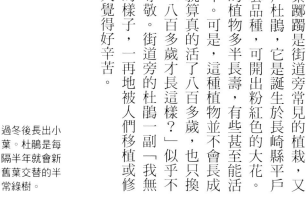

山躑躅
杜鵑花科

山躑躅的花

生長在落葉樹下的傾斜地面

分布於北海道南部到九州。半常綠樹，春葉會在秋天掉落，夏葉則會在隔年春天的春葉長出後掉落。

皐月杜鵑
杜鵑花科

它也是杜鵑的一種
照片提供／香川淳

皐月杜鵑的花
照片提供／香川淳

分布於關東地區到屋久島。半常綠樹，經常生長在岩地上。花期比其他品種的杜鵑晚一個月，通常在五至六月（農曆五月，皐月就是五月之意）開花。

蓮華躑躅
杜鵑花科

蓮華躑躅有毒

有毒

深邃的葉脈，葉片起皺。

分布於北海道南部到九州的落葉樹。全株有毒，動物不會將之啃食殆盡，因此常見群生的蓮華躑躅。它的花蜜也有毒，要小心！

其他類似的樹木
齒葉冬青 ➡ p.44
石楠屬 ➡ p.49

用樹葉分辨

觸感

皐月杜鵑
葉片偏小，具有黃色細毛。秋天時，老葉會掉落，交接給冬葉。

山躑躅
春天長出的葉片較寬，具有褐色細毛。過冬的葉片較小。

杜鵑（大紫躑躅）
春天長出的新葉起初有點黏膩，具有濃密的細毛。秋天長出的過冬葉片較小。

山茶科

夏山茶

花瓣邊緣呈細碎的滾邊狀，花柄很短。

觸感

花瓣背面毛茸茸的

DATA

Stewartia pseudocamellia	
中文名稱	夏山茶
別　名	沙羅木
分　類	落葉樹／闊葉樹／小喬木／雌雄同株・同花
英文名稱	Japanese stewartia
開花期	6～7月
結果期	10～11月
植栽地・棲息地	公園、花園、寺廟神社
原生地	日本東北南部～九州
人為散布	北海道南部～九州
用　途	花園植栽、地標。主要為觀賞用。

觸感

樹皮薄且斑駁

果實的柄也很短

日本版沙羅雙樹

其樹皮剝落的方式和紫薇很像，花朵卻是山茶花的形狀。由於佛教的聖木——沙羅雙樹（龍腦香科）在氣候寒冷的日本無法種植，人們便以夏山茶來代替，種植於寺院中，並冠以「沙羅木」之名。夏山茶開花後，一天之內就會凋謝，落花的花瓣背面有絨毛。另有一種名叫「英彥山姬沙羅」的品種，介於姬沙羅與夏山茶之間，這些樹的花瓣背面都一樣有絨毛。

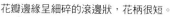

類似的樹木

山茶科

姬沙羅

分布於關東到九州。雖然常被種植在住宅區，扮演著乖小孩的角色，卻老是擺出一副「這裡空間小，又熱又乾燥，我好想回山裡去啊！」的態度。它的名稱裡有個「姬」（公主）字，給人嬌小柔弱的印象，其實山林裡的姬沙羅長得高大英挺。不知道其他人看到姬沙羅時，會不會聯想到卡通《阿爾卑斯山的少女》（又譯小天使）裡的海蒂（又譯小蓮）？還是只有我會這麼想？

從樹根處長出的枝葉看似柔弱，山裡的姬沙羅可是個奔放的野孩子。

花的形體不大，花柄比夏山茶長一點。花瓣背後亦有絨毛。

樹皮摸起來就像在暑假曬到脫皮的肌膚

其他類似的樹木
紫薇 ➡ p.53

用樹葉分辨

姬沙羅
葉緣有平緩的鋸齒狀，葉脈不明顯。

夏山茶
葉緣有平緩的鋸齒狀，葉脈明顯。

實用小知識！

值得推薦的植物搜尋應用軟體

常有人跟我說：「我想記住樹木的名字，可是光看圖鑑還是記不起來。」這就跟記人名一樣，光看照片也不容易記住吧。總是得跟對方說過幾次話，熟悉對方的氣質和習慣動作之後，才能牢記對方的名字。對樹木也是一樣，只要你和樹木做朋友就可以了。在我年輕時，看到陌生的樹，還會刻意不查資料，僅用肉眼持續觀察，觀察了一年多，終於看到果實掉落，因而明白那是日本石櫟時，真的很開心。希望大家也能在散步時，與原本不認識的樹相遇，享受與樹做朋友的樂趣。如果有特別想認識的樹種，可以逛逛植物園或前往樹上掛著QR CODE掛牌的公園（雖然目前這樣的公園還不多）。

會長紅葉也會落葉的針葉樹。在開闊的地方能長成三角樹形。

水杉

柏科

DATA

Metasequoia glyptostroboides	
中文名稱	水杉
別　名	曙杉
分　類	針葉樹／落葉樹／喬木／雌雄同株．異花
英文名稱	Dawn rewood
開花期	2～3月
結果期	10～11月
植栽地．棲息地	公園、學校
原產地	中國西南部
人為散布	北海道中部以南、台灣
用　途	公園樹等

像個精瘦肌肉男的樹幹

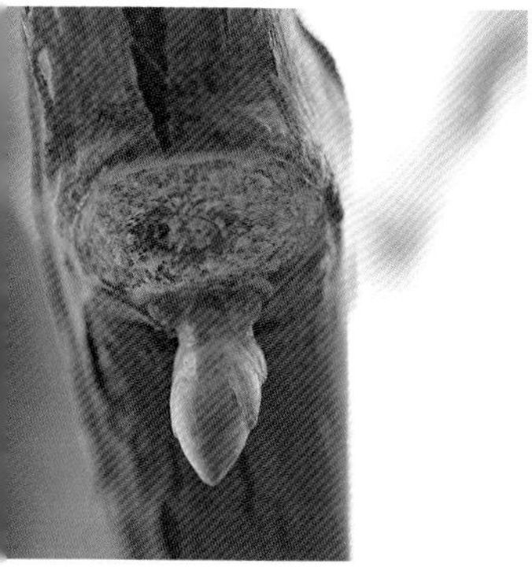

樹枝掉落後的痕跡，好像頭上長瘤的老爺爺。

種子飛出後的毬果。好多個栩栩如生的唇形並列。

以化石之名存活至今

水杉原本以化石之姿在世界各地現蹤，當人們替它取了化石植物之名“Metasequoia”之後，才在中國發現有活生生的水杉樹，一時之間，「化石樹」蔚為話題。一九四九年，日本皇室獲贈水杉，政府便將之種植於日本各地。如今，在日本無論多高齡、多粗壯的水杉，直到二〇二二年為止，頂多才七十幾歲。水杉幾乎沒有害蟲，也少有生物聚集，看起來似乎有點寂寞。穿越時空的心情大概就是這樣吧?!

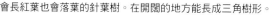

類似的樹木

落羽杉
柏科

落羽杉的紅葉。這是會落葉的針葉樹。

原產於北美洲，別名落羽松。一般的樹木即使生長在陽光充足的地方，只要土壤積水便無法存活。但是，落羽杉因為具有特殊的「氣生根」，可藉此獲得氧氣，因而獨占水池地帶的陽光。

透過地上的氣生根吸收氧氣

世界爺
柏科

栽種於都市裡的世界爺

原生於美洲西岸，是目前全世界最高的樹（高達115.92公尺）。別名紅杉，也有「世界爺雌杉」之稱。

其葉片相當堅硬

杉木（福州杉）
柏科

人們意外地常問：「這是什麼樹？」

原產於中國南部。可以長得很高大，生長速度也很快，是相當重要的建材。

枝頭的雄花

其他類似的樹木
合歡 ➡ p.30
南洋紅豆杉 ➡ p.103

用樹葉與果實分辨

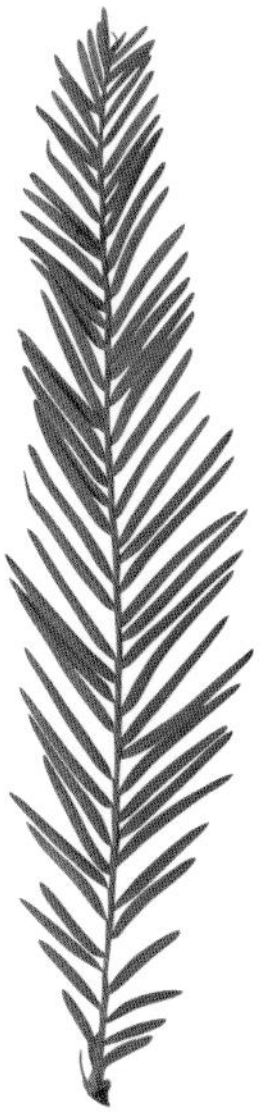
落羽杉
單薄而細小的葉片，交錯排列。

水杉
單薄而細小的葉片，兩兩成對並列。

落羽杉
當它還是綠色時，很像高麗菜芽。它會在水面漂浮移動。

杉木
乍看之下結構鬆散，被扎到還是很痛的。

水杉
很像麥片的種子，就是從這裡出來。

世界爺
其毬果跟水杉的毬果很像，但皺褶較多，呈現栩栩如生的唇形。

楊梅

楊梅科

果實的味道很像葡萄柚

DATA

Myrica rubra

中文名稱	楊梅
別　名	樹梅、椴梅、假梅
分　類	闊葉樹／常綠樹／喬木／雌雄異株
英文名稱	Red babyberry、Wax myrtle
開花期	3～4月
結果期	6～7月
植栽地・棲息地	街道、公園
原生地	關東南部以西～沖繩縣
人為散布	日本東北中部以南、台灣
用　途	果實可食用（生食、製成果醬或水果酒）

雌樹的雌花

雄樹的雄花

樹齡尚淺的楊梅幼樹，其葉片有鋸齒狀，成樹之後鋸齒狀就會消失。

比起桃子，味道更像柑橘類？

楊梅在日本又稱為「山桃」——山中的桃子。不過，其味道或外表都跟桃子不一樣。小時候，我曾經在山坡上看到這種樹，便把果實摘下來吃，其美味令人感動，心想：「這裡就是桃花源了吧？」現在，我讓自己的小孩吃楊梅，他們覺得「味道好像葡萄柚」，我也跟著吃了一口，果然很像。說起來，葡萄柚的名稱有「葡萄」二字，但吃起來也沒葡萄味，真是的！楊梅樹是雌雄異株，只有雌樹才會結果。

類似的樹木

杜英
杜英科

它的果實跟橄欖很像，在日本也有「葡萄牙樹」之稱。目前在關東以南（主要是靠太平洋那一側）有天然生長的杜英樹。

只要看到樹上一年到頭都有紅色葉片，就可以確定這是杜英。

多半被種植為行道樹或公園樹，常被誤認為楊梅。

海桐花
海桐花科

分布於日本東北以南，主要生長在海岸。雌雄異株，日本人認為它的枝葉有避邪的作用，常將之掛在門上當裝飾，所以替它取了「扉」這個名字。枝葉具有一股惡臭，但嫩葉的氣味比較像哈密瓜。

海桐花的花具有香氣

黏稠狀的橘紅色種子

草莓樹
杜鵑花科

原產於地中海沿岸。果實可食，其外觀和楊梅很像，但味道普通。

草莓樹的花，狀似鈴蘭。

它的果實長得和楊梅很像

其他類似的樹木

枇杷 ➡ p.60
金木樨 ➡ p.106
厚皮香 ➡ p.140

用樹葉分辨

海桐花
葉片的形狀像鞋拔。將新葉撕開，會散發出一股類似哈密瓜或西瓜的氣味。

杜英
葉緣呈鋸齒狀，和楊梅不同的是，葉片在掉落之前會變紅。

楊梅
葉緣沒有鋸齒狀，為上寬下窄的細長葉片。不會變紅。

氣味

木樨科 歐丁香

香味宜人的花

DATA	
Syringa vulgaris	
中文名稱	歐丁香
別　名	洋丁香
分　類	闊葉樹／落葉樹／灌木～小喬木／雌雄同株・同花
英文名稱	Lilac
開花期	4～5月
結果期	8～10月
植栽地・棲息地	住宅區、公園、街道
原產地	歐洲南部
人為散布	北海道～九州
用　途	公園樹等。花可用來製作香水。

歐丁香水與歐丁香派

宛如盔甲的冬芽

歐丁香底下長出了水蠟樹的枝葉

嫁接後，容易被做為砧木的水蠟樹取代

歐丁香原產於歐洲，花香宜人，常用來製作香水。這種植物原本不耐熱，近年來，人們也培育出耐熱的品種。在嫁接歐丁香時，經常以水蠟樹做為砧木（註：植物嫁接繁殖時，生根於土壤內且承接另一株枝條的部分，稱為「砧木」）。可是，做為砧木的水蠟樹往往愈長愈大，歐丁香就消失了。嫁接時，不妨仔細觀察葉片的形狀，要是底下長出水蠟樹的葉子，就要勤於修剪。如果確定歐丁香已經枯萎了，就乾脆欣賞水蠟樹的白花吧。

水蠟樹

木樨科

看似文靜高雅的花，其實生長速度驚人。 照片提供／香川淳

分布於北海道到九州。白花雖有香氣，可惜氣味微弱。最近，中國原產的銀姬小蠟品種很受歡迎，但要注意的是，水蠟的生長速度都很快。

生長快速的銀姬小蠟

原本種的是歐丁香，最後都變成水蠟樹了。

流蘇樹

木樨科

流蘇樹的花

別名為「不知啥名樹」。在日本屬於稀少種，但仍有植栽。除了流蘇樹之外，其他地方也有別種樹木（如樟樹、布氏稠李等）被稱為「不知啥名樹」。就連「不知啥名」的苔蘚類都有。

被稱為「不知啥名樹」的樹

其他類似的樹木

日本女楨 ➡ p.135

用樹葉分辨

流蘇樹

葉片較厚、偏圓，各種形狀都有，無標準規格。

水蠟樹

葉片薄，狀似古代的錢幣。

歐丁香（紫花歐丁香）

黑桃形狀，葉片偏厚的樹葉。

樹也是活生生的生物

樹木與各式各樣的生物共生。幾乎所有樹木底下的土壤裡，都有菌類（菌根菌）與之共生。樹木將光合作用形成的產物交給菌類，藉以換取磷酸等等無機養分。在這樣的交易中，各自的算盤都打得很精，比方說，在沒拿到自己想要的東西之前，不會交出對方想要的東西；光合作用愈旺盛的年輕樹木，愈受菌類歡迎。

松樹下的菌根菌

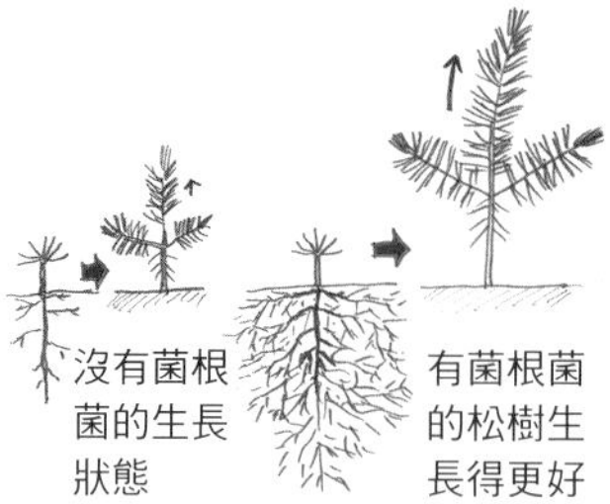
沒有菌根菌的生長狀態
有菌根菌的松樹生長得更好

樹木會利用各種動物替它達成某些目的，例如，樹葉的蜜腺就是用來吸引螞蟻，讓牠們像保鏢一樣保護葉片不受其他昆蟲啃噬。另一方面，有些植物會利用自身的斑紋等特徵，指引花蜜的位置。

即使是害蟲，要是失去糧草，對自己也沒好處，所以不會把植物危害到枯死。只是，外來種害蟲就沒這麼識時務了，必須全部殲滅。

紅色或黑色是容易吸引鳥類的顏色，植物的果實多半為紅色和黑色，為的就是要吸引鳥類來吃，鳥類會將種子帶往遠處散播。

像山茶花之類的紅花，也是為了吸引鳥類來協助授粉。

氣味的意義

植物的花香能引誘昆蟲和鳥類前來覓食並協助授粉。有些植物沒有花蜜，就是靠著花香引誘，或是用異味吸引蒼蠅等等。植物往往給人一種善良好人的印象，其實還滿奸詐的。

此外，植物也會利用果實的香氣吸引動物，因為香氣誘人的果實通常都很美味，動物（包括人類在內）吃了之後，就會替植物把種子散播到其他地方。

相對的，樹葉的氣味則多半用於驅蟲。人類聞起來覺得很香的香草植物，通常是昆蟲和野生動物避之唯恐不及的氣味。那些遭到害蟲侵襲的植物，也會利用氣味警示周遭的其他植物，這麼一來，其他植物就會刻意讓自己的葉片變得苦澀難吃，此外，高麗菜還會利用自己的氣味把害蟲的天敵招引過來。

觸感的意義

植物的葉片有些光滑、有些粗糙、有些長出絨毛，具有各式各樣的觸感。南方地區的氣候多雨，植物葉片多半光滑，這樣就能使葉片上的水珠快速滑落。長毛的葉片會在表面形成粗糙或毛茸茸的觸感，這是為了阻礙昆蟲啃咬，也有抑制葉背水分蒸散的作用。

葛樹的新葉

第 4 章

容易搞錯的樹

龍柏

柏科

像火焰又像被風吹出造型的獨特枝葉

返祖的帶刺樹葉

返祖後又長回原樣

外型意外高大的樹

DATA

***Juniperus chinensis* 'Kaizuka'**

中文名稱	龍柏
別　名	貝塚、貝塚檜柏
分　類	針葉樹／常綠樹／喬木／雌雄異株、偶有同株．異花
英文名稱	Chinese Juniper
開花期	3～4月
結果期	11～1月
植栽地．棲息地	住宅區、公園
人為散布	北海道中部以南、台灣
用　途	圍牆籬笆等

好像用吹風機吹出造型的枝葉

龍柏是檜柏的栽培品種，其枝葉長得像火焰般繁茂。有位女性這麼說：「這棵樹是被吹風機吹過嗎？」真是形容得太貼切。很多人對這樣的樹形感到驚訝，但龍柏也經常被刻意修剪成圓形，封印起原本獨特的個性。在剪掉它的木質化樹枝後，偶爾會出現扎人的葉片，稱為「返祖」。葉片上的刺，原本是為了防止被動物啃食而演化的防禦機制。現在偶爾會看到的長刺枝葉，其實只是恢復原始狀態而已。

側柏

柏科

原產於中國，最常看到的是園藝品種「千手」。性耐旱。

好像豎起手心般伸展的樹葉。葉片正面與背面沒有太大差別。

毬果狀似金平糖

北美香柏

柏科

原產於北美洲。搓揉葉片時，它會散發出一股鳳梨或檸檬的清爽香氣。

曾經有小學生用「觀光飯店的氣味」來形容葉片的氣味

北美香柏的毬果

香冠柏

柏科

北美洲大果柏木的園藝品種。不耐旱，但生長速度很快。

香冠柏出乎意料地高大

藍冰柏

柏科

北美洲亞利桑那柏的園藝品種。生長速度快，但根系發展較晚。葉片散開生長，樹脂很多。

藍冰柏是很受歡迎的品種。氣味清爽而獨特。

其他類似的樹木

日本花柏、矮雞檜葉 ➡ p.139

用樹葉分辨

北美香柏

葉片扁平，末端像寫書法的「捺筆」。剝開葉子，會有一股水果甜香味。

香冠柏

葉片就像比較小的日本柳杉。撕開葉子，會有一股檸檬草的香氣。

龍柏

像繩索般的葉子，顏色深濃。剪掉木質化的樹枝後，會長出類似柳杉的樹葉。

莢蒾

五福花科

莢蒾花

DATA

Viburnum dilatatum

中文名稱	莢蒾
別　名	槳迷
分　類	落葉樹／闊葉樹／灌木／雌雄同株・同花
英文名稱	Linden arrowwood
開花期	5～6月
結果期	9～10月
植栽地・棲息地	雜樹林、公園、里山
原生地	北海道南部～九州
人為散布	北海道南部～九州、台灣
用　途	果實可食用或製成水果酒。樹枝可用作捆綁雜木的繩子。

紅色果實很酸

有毛的綠色果實（?）是五倍子蚜蟲造成的蟲癭

常綠莢蒾「地中海莢蒾」的藍色果實

紅色果實、藍色果實、長毛的果實

我們經常在山林與村落之間的「里山」，看到莢蒾這種灌木，也有人將之種在庭院中。其葉片形狀多樣化，容易搞混。其紅色果實滋味甜酸，果肉很少，幾乎都是籽。比起直接食用，人們通常都會與白蘿蔔一起醃漬，可將白蘿蔔染成粉紅色。市面上也有外來種的常綠莢蒾（原產於地中海的地中海莢蒾，或原產於中國的川西莢蒾等），果實是藍色的。另外，長毛的果實其實是蟲癭（註：裡面有昆蟲寄生，是植物組織受到昆蟲刺激而不正常增生的結果）。

類似的樹木

氣味

五福花科

毛葉莢蒾

分布在關東以西。葉片有芝麻的香氣，日文稱為「芝麻木」。春天開白花，夏天到秋天結出紅黑色果實。

葉片會散發芝麻仙貝的香氣

氣味

五福花科

西洋接骨木

生長於歐洲等地方。哈利波特的魔杖就是以西洋接骨木的樹枝製成的。花香宜人，在羅馬尼亞，人們會用它的花釀製傳統飲品“Socat”。

花的香氣和麝香葡萄很像

氣味

五福花科

無梗接骨木

分布於北海道以南。花的香氣和西洋接骨木完全不同。

春天開花，有時會散發出小黃瓜的氣味。

形似綠花椰菜的花芽

五福花科

男莢蒾

分布於北陸之外的本州到九州。至於為什麼叫「男」莢蒾，原因不明。

白色小花

紅色果實

用樹葉分辨

背面

男莢蒾

葉緣與其說呈鋸齒狀，不如說是波浪狀。老葉會變黑。

無梗接骨木

羽狀複葉。葉緣有鋸齒，葉背少毛，比起樹葉，更像青草。

背面

毛葉莢蒾

搓揉葉片，一股芝麻香氣就會轉移到手指上。樹木成長後，葉片的芝麻香氣似乎會消失？

背面

莢蒾

葉片有細毛，兩兩成對生長。葉緣與其說呈鋸齒狀，不如說是波浪狀。

紅豆杉科

日本榧樹

要長到這麼高大，不知得花多少年……

DATA

Torreya nucifera

中文名稱	日本榧樹
分　類	針葉樹／常綠樹／喬木／雌雄異株
英文名稱	Japanese torreya、Japanese nutmeg-yew
開花期	4～5月
結果期	9～10月
植栽地・棲息地	寺廟神社、公園
原生地	日本東北中部～九州
人為散布	日本東北～九州
用　途	木材可製成棋盤和工藝品；種子可食用。從前，人們會將種子榨油，供食用或製作燈油。

雌雄異株，雌樹結出的果實（種子），在成熟時也保持綠色。

發芽後兩年左右（樹高5公分）

榧樹餅乾（種子已經去除澀味），美味可口。

氣味

因為慢條斯理，所以價值高昂

生長速度慢得驚人，光是從種子發芽到長出葉子，要很長一段時間。發芽兩年後，樹木才長高五公分，要長到可以砍下來製成高級棋盤，不知道得等多久。日本榧樹的葉梢很尖銳，扎人會痛，但若拿來搓揉，會散發一股清爽的葡萄柚香。我帶小學生上山賞樹時，有人誤以為這些剛發芽的日本榧樹是迷迭香，我就讓他們嗅聞葉子的氣味。榧樹的種子可以食用，但我更喜歡用帶殼種子浸泡燒酒，去除澀味後再炒來吃。

紅豆杉科

柱冠粗榧

分布於日本東北到九州。種子外皮柔軟，咬下的瞬間有甜味。雖不可食用，但可榨油。

柱冠粗榧的葉梢比較沒那麼尖銳

紅豆杉科

矮紫杉

南洋紅豆杉的變種。相較於南洋紅豆杉平行排列的葉子，矮紫杉的葉子呈螺旋狀排列。

矮紫杉的新葉

有毒

紅豆杉科

南洋紅豆杉

分布於北海道到九州。雌雄異株，雌樹會結出紅色果實。生長速度慢，壽命很長。

紅色部位甘甜，黑色種子有毒！

氣味

唇形科

迷迭香（萬年香）

原產於地中海沿岸的灌木，其名稱"Rosemary"似乎來自於聖母瑪利亞。常用來當作肉類料理的香料。

迷迭香的花

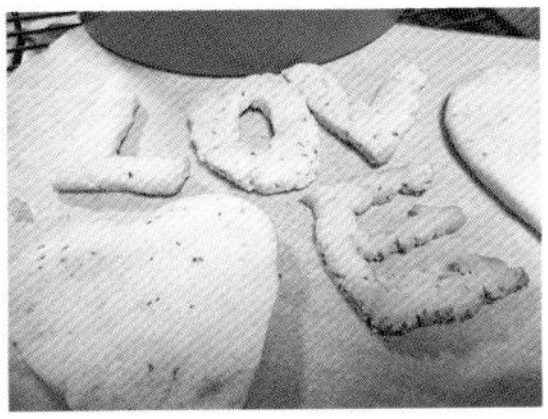

將葉片切碎，加入麵糰中，烘烤成迷迭香餅乾。加入乳酪也很美味

其他類似的樹木

水杉 ➡ p.90
福州杉、世界爺 ➡ p.91

用樹葉分辨

迷迭香（萬年香）
整束長出的葉片，邊緣朝左右蜷曲，表面有白色細毛。

矮紫杉
細葉呈螺旋狀排列。

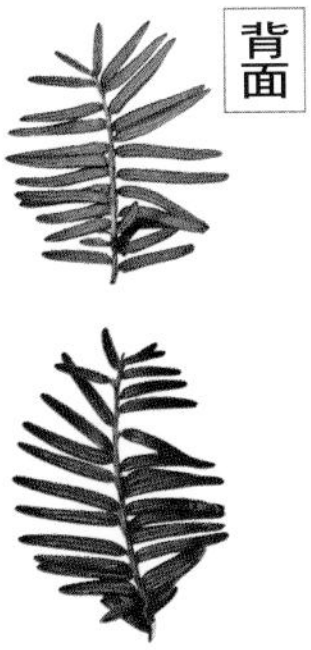

南洋紅豆杉
細葉平行排列，葉背有兩條白線（氣孔線）。葉梢不尖，不會扎人。

柱冠粗榧
細葉平行排列，葉梢不太尖。葉背有兩條白線，但多半不醒目。

日本榧樹
細葉平行排列，葉梢尖銳，扎人會痛。葉背有兩條白線（氣孔線）。

木瓜

薔薇科

結實累累，又硬又香的果實。

DATA

Pseudocydonia sinensis

中文名稱	木瓜
別　名	光皮木瓜、木李、花梨、木瓜海棠
分　類	闊葉樹／落葉樹／喬木／雌雄同株．同花
英文名稱	Chinese quince
開花期	4～5月
結果期	10～11月
植栽地．棲息地	學校、公園、住宅區
原產地	中國
人為散布	北海道南部～九州
用　途	果實可食用（製成水果酒或果醬）、藥用（止咳），木材可製成床柱、家具等。

可愛的粉紅花

迷彩花色的樹皮

用壓力鍋熬煮，會變成紅色果醬。

庭院裡的芳香劑

這裡介紹的「木瓜」並不是水果木瓜，它的日文名為「花梨」（karin），音近「不欠」，具有「可以借錢給別人，但自己不欠債」的寓意，祈求家業繁盛，是常見的庭園植木。木瓜樹可以結出很多果實，也有「有餘、充裕」的意思。果實可潤喉，用蜂蜜或燒酒浸泡後食用，具有止咳效果；也可以製成果醬，只要一顆果實就夠了。若看著樹木，並露出「好想要果實」的眼神，或許可以提高果實豐收的機率。我家的院子裡，每年都有大量的木瓜果實掉落，有些礙事，但香氣十足。

類似的樹木

榲桲 薔薇科

榲桲花

氣味

毛多的榲桲果實

原產於中亞。果香芬芳，和木瓜（花梨）很像，但果皮表面細毛比較多，可製成果醬等食品。

貼梗海棠 薔薇科

貼梗海棠的花

氣味

香氣迷人的貼梗海棠果實

原產於中國。因為果實長得很像瓜類，日文名稱為「木瓜」。果實的香氣類似木瓜（花梨），也像小型的野生「日本海棠」。

梨屬 薔薇科

氣味

有股青臭味的花

梨子的果實

原產於中國。不少園藝品種是以野生種沙梨為基本種培育出來的。其花形可愛，但氣味不太好，這種反差也很萌。

其他類似的樹木
夏山茶 ➡ p.88

用樹葉分辨

梨屬
葉子表面具有光澤，葉緣呈細鋸齒狀，葉片偏大。

貼梗海棠
葉緣呈細鋸齒狀，葉基有可愛的圓圓托葉。

榲桲
葉緣沒有鋸齒狀，葉背長毛且泛白。

木瓜（花梨）
葉緣有極細的鋸齒狀，葉片具有光澤。

金木樨

木樨科

秋天盛開，香氣馥郁的花。

氣味

只有雄蕊的花

DATA

Osmanthus fragrans var. aurantiacus

中文名稱	金木樨
別　名	丹桂、桂花
分　類	闊葉樹／常綠樹／小喬木／雌雄異株
英文名稱	Fragrant orange-colored olive
開花期	9～11月
結果期	無
植栽地・棲息地	住宅區、公園、街道
原產地	中國
人為散布	日本東北中部以南
用　途	庭院植木、公園樹。其花朵可釀水果酒。

用金木樨花製成的果凍

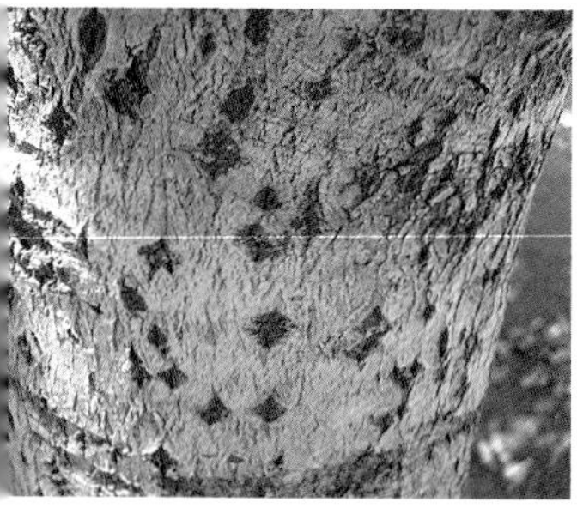

空氣從菱形的皮孔進出

沒有雌樹也飄香

聞到金木樨的香氣，就知道秋天來了。日本的金木樨只有雄株，所以不會結果（不知道原產地的中國是否有雌株，還是原本就只有雄株？）。以常綠樹來說，金木樨的生命力很強韌，即使被砍伐也會再度發芽。只不過，一旦在發芽期進行移植，全株就會枯萎。我偶爾看到開兩次花的雄株，都會抱以「又沒有雌株，何必這麼努力……」的同情心。不過，它那芬芳的花香、可愛的花形和樸實的葉子，也很值得欣賞。

類似的樹木

銀木樨
木樨科

原產於中國，葉片比金木樨寬，但花的香氣較微弱。即使種在金木樨旁邊，也因為存在感低，多半不容易被發現。

花香比金木樨微弱的銀木樨

葉片較寬

木樨（桂花）
木樨科

花香比銀木樨更淡。「你掉的是金木樨？還是銀木樨？」「不，我掉的是木樨。」有時候，我會這麼幻想。

木樨花的香氣微弱，花瓣呈蛋白色。

木樨的果實

其他類似的樹木
柊樹 ➡ p.32
齒葉木樨 ➡ p.33

用樹葉分辨

木樨
幾乎和金木樨的葉片一樣，頂多尺寸大一點。

銀木樨
寬度比金木樨寬，鋸齒狀比金木樨明顯，葉片扁平。

金木樨
葉片厚實，葉脈有紋路。微微向左右蜷曲。葉緣的鋸齒狀不明顯，或多半沒有鋸齒。

櫸樹的紅葉與黃葉。葉面粗糙。

觸感

櫸樹

榆科

DATA

Zelkova serrata

中文名稱	櫸樹
別　名	雞母樹
分　類	闊葉樹／落葉樹／喬木／雌雄同株・異花
英文名稱	Japanese zelkova、Keyaki
開花期	4～5月
結果期	10～11月
植栽地・棲息地	街道、公園、住宅區、里山、河邊
原生地	日本東北～九州
人為散布	北海道中部以南、台灣
用　途	木材可製成家具，也是高級建材。

種子及載著種子四處飛散的小葉

雄花（左）與雌花（右）

冬芽

樹皮拼圖

其實它有各種樹形

櫸樹長得很高大，日本有不少名樹都是櫸樹。其葉片鋸齒狀的弧度很像鶺鴒的喉囊。許多人以為櫸樹的樹形就像一支掃把，其實那是在苗木階段由人工修整出來的。如果人們一開始就準備把它用作木材，會將它的下枝砍掉，使其樹幹變得又長又筆直。若是要當作行道樹，人們會把櫸樹多餘的樹枝剪除，使其整體看起來像一棵椰子樹。它的種子形狀和日本名產「小雞餅乾」很像。葉片面積不大，主要是為了可以連枝帶葉地四處飛散。

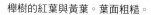

糙葉樹
大麻科

樹根很容易長成板根

分布在關東以南。從前，粗糙的葉片曾被應用為拋光器具。果實看似藍莓，但果肉很少。

果實與樹葉。葉片的觸感粗糙。

昌化鵝耳櫪
樺木科

樹幹的紋路令人聯想到斑馬

分布於本州到九州。新葉多毛，觸感柔軟。樹幹有點像斑馬條紋。

狀似紙垂（註：鋸齒形的紙）的果實

鵝耳櫪
樺木科

掛在枝頭的果實與樹葉

分布於北海道以南。葉片比昌化鵝耳櫪更小，會轉紅。日文名稱為「赤四手」，其發音同「紙垂」，果實形狀和神社的紙垂很像。

紅葉

其他類似的樹木
朴樹 ➡ p.128
榔榆 ➡ p.129

用樹葉分辨

櫸樹
鋸齒形的弧度和鵜鶘的喉囊很像。葉片觸感粗糙。

糙葉樹
葉片粗糙，葉緣有鋸齒狀，葉梢尖細。

昌化鵝耳櫪
葉緣的鋸齒形並不規則。入秋後會變成黃葉。

鵝耳櫪
葉緣的鋸齒形並不規則。葉片比昌化鵝耳櫪小，會轉紅或黃。

枹櫟

殼斗科

枹櫟的樹皮與黃葉

DATA

Quercus serrata

中文名稱	枹櫟
別名	大葉青岡、青栲櫟、思茅櫧櫟
分類	闊葉樹／落葉樹／喬木／雌雄同株．異花
英文名稱	Jolchan oak
開花期	3～5月
結果期	9～10月
植栽地 棲息地	公園、學校、里山
原生地	北海道南部～九州
人為散布	北海道～九州、台灣
用途	木材可做成薪柴或器具，也可當作栽培香菇的段木。

觸感

新葉蓬鬆柔軟，不妨摸摸看。

開花的雌花。之後就會膨脹成橡實。

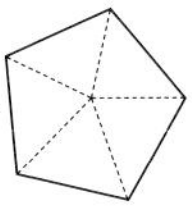

五角形的冬芽

橡實、獨角仙、毛茸茸

說到枹櫟就不能不提到橡實、獨角仙和鍬形蟲（譯註：這些昆蟲會吸食殼斗科樹木的樹液）。寄生在橡實裡的昆蟲，名為「橡實剪枝象」，屬於象鼻蟲的同類。只要將橡實放進冰箱冷凍，蟲子就會被凍死。枹櫟被砍下時，會散發一股特殊的酸味，這種氣味不臭，甚至還有人用枹櫟木片來燻製食品，只不過和一般針葉樹的「木材香氣」完全不同。它那毛茸茸的新葉很漂亮。

麻櫟
殼斗科

分布於岩手縣、山形縣以南到九州。葉形跟栗樹很像，但栗樹葉的鋸齒邊含葉綠素，是綠色，麻櫟則沒有。

鋸齒的邊緣泛白

樹皮。它的樹液會吸引獨角仙與鍬形蟲。

槲樹
殼斗科

在北海道，人們種植槲樹以取代松樹，做為海岸的防風林。用來包裹日式點心「柏餅」的葉片就是槲樹葉（譯註：日文中的槲樹寫為「柏」），不過，在更早以前，人們用的是菝葜（金剛藤）的樹葉，槲樹葉只是代替品。

冬天，葉子不會掉落，被視為具有「代代相傳」寓意的吉祥樹。

東日本的「柏餅」使用槲樹葉，西日本則以菝葜為主流。

毛果楓
無患子科

分布於宮城縣、山形縣以南到九州，標高七百公尺以上的山區。早在日本戰國時代，就將這種樹視為對眼睛有益的眼藥，會用煎煮樹皮的藥水來沖洗眼睛。泡成茶來喝，對肝臟也很好。

紅葉

觸感

毛茸茸的新葉

其他類似的樹木
昌化鵝耳櫪 ➡ p.109
黑櫟 ➡ p.112

用樹葉與果實分辨

毛果楓
械楓的同類。械楓類的種子通常都很纖細，但它不只有毛，還長得特別粗獷。

槲樹（一年結果一次）
圓形橡實。像戴著挑染打薄的淺色假髮。

麻櫟（兩年結果一次）
圓滾滾的橡實，與其說戴帽子，更像戴了黑人辮子頭的假髮。

枹櫟（一年結果一次）
細長小顆的橡實，像戴著針織毛帽。

背面

毛果楓
三片一組的複葉，表面覆有細毛。

背面

麻櫟
葉形細長，葉緣鋸齒形的尖端不是綠色。

背面

枹櫟
葉背殘留細毛。葉緣的鋸齒形很容易辨識。

黑櫟

殼斗科

高大的黑櫟

DATA

Quercus myrsinifolia

中文名稱	黑櫟
別　名	小葉青岡
分　類	常綠樹／闊葉樹／喬木／雌雄同種・異花
英文名稱	Bamboo-lesf oak
開花期	4～5月
結果期	10～11月
植栽地・棲息地	行道樹、公園樹
原生地	日本東北南部～九州
人為散布	日本東北以南、台灣
用　途	建材、船舶造材等。

果實的頂端有環狀溝（青剛櫟也有）

戴著條紋帽的橡實

平滑的樹皮

表面有櫟脛毛介殼蟲（稱不上害蟲）的樹皮

內在強韌，似乎很有保護力

黑櫟的樹材顏色偏白，日文稱為「白樫」（參照p.119），其木質厚實強韌，也能用來製作木刀。一年結果一次，在關東地方多有種植，對我而言不是什麼有趣的植物。沒想到，我女兒說：「雖然這種樹不起眼，看起來卻能保護我們的家。」讓我對黑櫟的印象立刻大大加分。事情換個說法，果然聽起來就完全不同。它與青剛櫟的差異，在於葉脈的深度，請比較看看吧。

白背櫟
殼斗科

分布於日本東北南部以南。葉背偏白，鋸齒尖銳。橡實兩年結果一次。

白背櫟的葉片比黑櫟還薄，葉片邊緣呈波浪狀。

白背櫟（左）、黑櫟（右）。落葉看起來更白。

青剛櫟
殼斗科

分布於日本東北南部以南。葉脈比黑櫟更深邃，背面有絨毛。常見於靠近村落的山林區域，一年結果一次。

青剛櫟的芽，特殊的五角形特別醒目。

雌花狀似長了觸角的毛毛蟲

月桂
樟科

原產於地中海。別名為甜月桂或桂冠樹。葉片有香氣，經常用在燉煮料理中。據說在古希臘，人們會用月桂製成桂冠，讓特別優秀的人戴上。

雄花

罕見的雌株果實。葉片有一股淡淡的甜香味。

其他類似的樹木
紅楠 ➡ p.119
沖繩栲 ➡ p.132

用樹葉分辨

月桂
濃綠色的硬葉。

青剛櫟
端正厚實的葉片，葉脈深邃。

白背櫟
葉片比黑櫟薄，顏色偏白。

黑櫟
葉背表面有一層蠟，氣質端莊。

瑞香科

瑞香（沈丁花）

初春飄香的花　　照片提供／香川淳

DATA

Daphne odora

中文名稱	瑞香、千里香
別　名	沈丁花
分　類	常綠樹／闊葉樹／灌木／雌雄異株
英文名稱	Winter daphne
開花期	3～4月
結果期	無
植栽地・棲息地	公園、街道
原產地	中國南部
人為散布	日本東北南部以南
用　途	庭園樹木，觀賞用

花語是「永生不死」，自己卻很短命

原產於中國，自古以來都是人們經常種植的樹木，在瑞香的香氣中，可以感受初春的到來。由於花香予人強烈的印象，相較之下葉子顯得毫無特色。不過，這一片片像是手工捏出來的葉子，也有自己的味道。瑞香是雌雄異株的樹木，在日本幾乎沒有雌木，所以我沒看過果實。不開花時，整株顯得低調不起眼，或許是因為不耐移植的關係，多半不長壽，頂多存活十年左右就枯萎了。

斑葉品種金邊瑞香

白花品種的白花瑞香

滇瑞香

瑞香科

原產於中國、喜瑪拉雅山脈。其樹皮可製成和紙的原料。就算從根部切除，也能重新生長，甚至很快就開花了，具有強韌的生命力。

花帶有多量的細毛

花芽。樹枝分成三岔，日文名稱叫作「三枝」或「三叉」。

野扇花

黃楊科

原產於東亞、東南亞。性耐陰，對害蟲有較強的抵抗力，冬天開花（雖然有香氣，但這種香氣的接受度因人而異）。果實要花一年的時間才會成熟，在日本有"humilis"和"confusa"等園藝品種，氣味都比較微弱。

從紅轉黑的果實

關於花的氣味，有人說像蜂蜜或柑橘類，但我聞起來像油菜花的青臭味。

其他類似的樹木

金木樨 ➡ p.106

用樹葉分辨

野扇花（humili品種）

葉片有一定厚度，葉梢尖，表面有光澤。

滇瑞香

葉片較薄，有少許絨毛。側脈呈現彎度大的弧線。

瑞香

葉片厚實，有些皺褶或蜷曲，感覺像是用手工捏塑而成的。

氣味

刺槐

豆科

花很香

DATA

Robinia pseudoacacia

中文名稱	刺槐
別　名	洋槐、假金合歡
分　類	闊葉樹／落葉樹／喬木／雌雄同株・同花
英文名稱	False acacia、Black locust、Yellow locust
開花期	5～6月
結果期	7～10月
植栽地・棲息地	街道、公園、住宅區、河邊
原產地	北美洲
人為散布	北海道～沖繩、台灣
用　途	可做為綠化貧瘠山地的樹種。花可用來釀蜜、炸天婦羅或泡酒。木材可當作柴薪。

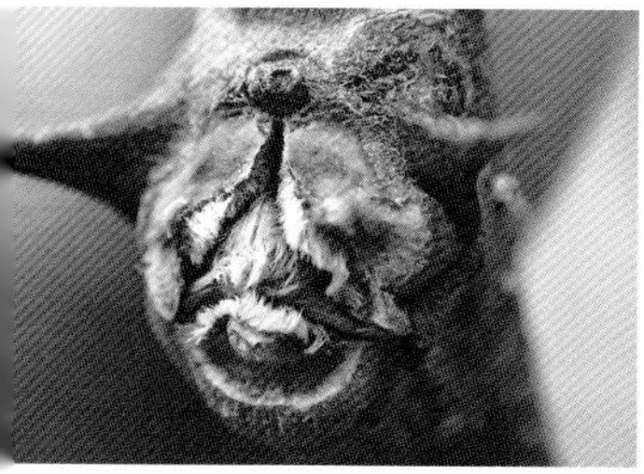

從落葉的痕跡長出新芽，好恐怖的一張臉。

以花朵炸成的天婦羅很美味

葉梢凹陷

葉片偏黃的園藝品種「香花槐」

冬芽界最凶狠的面相

原產於北美。別名「假金合歡」，但與金合歡（貝利氏相思樹，p.31）是完全不同種類的植物。花香芬芳，花能製成品質良好的蜜，繁殖力強大，很容易占據整片河岸地區，須特別留意。冬芽從葉痕內側發出，因為葉痕看起來像臉孔，春天發芽時，就好像臉上裂出一道口，形成冬芽界最凶狠的面相。最近，較多人種植的是淺色葉片、無刺的園藝品種「香花槐」。

槐樹 豆科

原產於中國，常被種植為行道樹。它跟刺槐很像，不過葉梢並未凹陷，果實像麝香葡萄一樣垂掛在枝頭。

氣味

槐樹的花

觸感

槐樹的莢果，像扭曲的麝香葡萄。

山皂莢 豆科

分布於本州到九州。過去，人們曾用它來清潔衣物。把豆莢放在水中泡軟，莢內會釋出黏稠皂汁，就可以拿來洗衣服了。雖然它能洗掉污漬，但也會把衣服染成咖啡色。

未成熟的豆莢

刺上加刺的重重裝備

其他類似的樹木
藤樹 ➡ p.34

用樹葉與果實分辨

刺槐
平扁的咖啡色豆莢。

山皂莢
豆莢看起來很像味醂鯖魚乾。

槐樹
綠色豆莢扭曲，有點像麝香葡萄。

山皂莢
末端無葉的偶數羽狀複葉。可愛的葉片和樹幹上的棘刺形成強烈對比。

槐樹
葉子很像刺槐，但葉梢是突出的。

刺槐
由圓形薄葉組成的奇數羽狀複葉。葉梢凹陷。

殼斗科

日本石櫟

日本石櫟的葉子，與兩年才結果的橡實，拿來用油炒，會有一股地瓜味。

DATA

Lithocarpus edulis

中文名稱	日本石櫟
別　名	薩摩柯、馬刀葉椎
分　類	闊葉樹／常綠樹／喬木／雌雄同株．異花
英文名稱	Japanese stone oak
開花期	6月
結果期	9～10月
植栽地・棲息地	學校、公園、街道、工廠
原生地	關東以西靠太平洋側～九州、沖繩縣
人為散布	日本東北中部以南
用　途	防火、防風。木材可做成建材或木器。果實可食用。

雄花有香味

雌花受粉後，橡實還沒長大的模樣。

隱藏版粉紅樹

每年，我都會把日本石櫟的果實硬殼敲開，拿來製作橡實味噌，而且果實裡幾乎沒有蟲。順帶一提，用這種味噌煮出來的湯，是有點灰灰的粉紅色。日本石櫟的木材也是粉紅色，跟黑櫟（白色）、日本常綠橡樹（紅色）並排在一起，會形成漂亮的漸層。日本石櫟經過砍伐後，有時會以分蘖枝的方式再重新長大。棲息在分蘖枝上的百嬈灰蝶幼蟲，會被螞蟻團團圍繞，不過請放心，螞蟻只是在守護這些幼蟲而已。

用日本石櫟橡實取代黃豆製成的橡實味噌

紅楠
樟科

分布於本州以南，尤其喜歡生長於關東以北的海岸地帶。雖然香氣比不上樟樹那麼濃烈，但葉片也有香味。春天一到，鼓起的春芽就會一口氣長出許多葉子。果實看起來像小小的酪梨。

紅楠的嫩果

氣味

紅楠的嫩芽

一個芽一口氣就能長出這麼多葉片

日本常綠橡樹
殼斗科

分布於日本東北地區的南部以南，會長成大樹。木材質地堅硬，顏色偏紅，在日本稱為「赤樫」，是知名的木刀材料。它的橡實很可愛，我蒐集了很多，果實裡還有胖嘟嘟的象鼻蟲。

葉柄很長的日本常綠橡樹

觸感

戴橫紋帽的橡實，必須經過兩年才會結果。

其他類似的樹木
交讓木 ➡ p.38
黑櫟 ➡ p.112

用樹葉與木材分辨

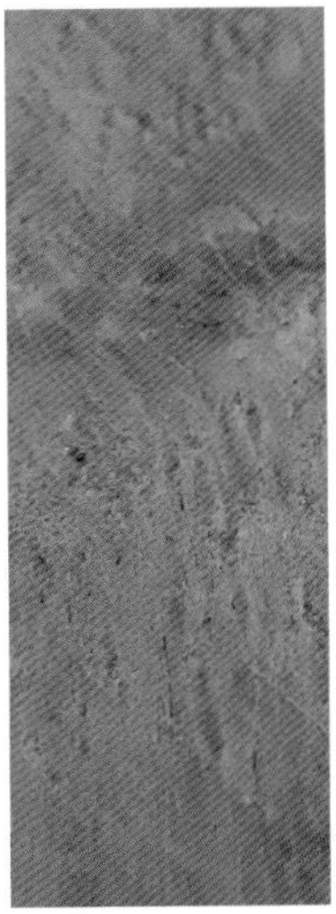
日本常綠橡樹
從煙燻深粉紅色到紅褐色都有。

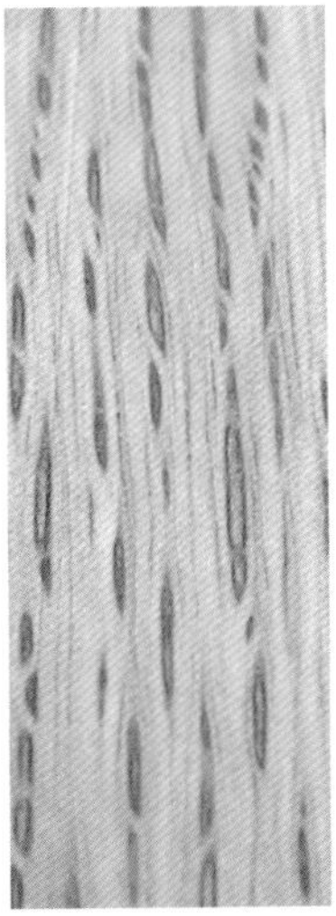
日本石櫟
淡粉紅色的木材。

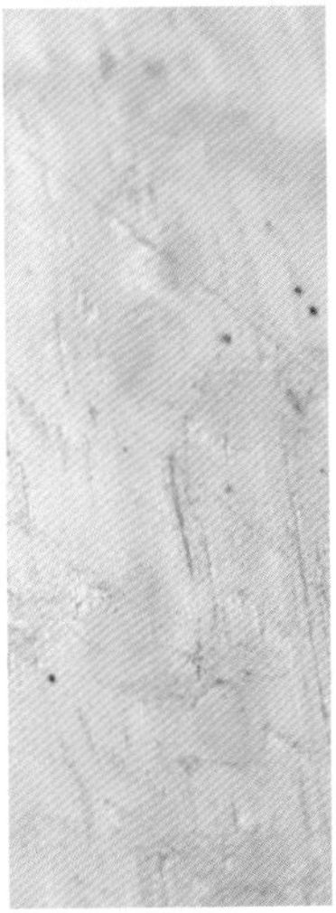
黑櫟
偏白的木材。

紅楠
葉緣無鋸齒狀，撕開葉片會有一股香氣。葉背是淡綠色。

日本石櫟
葉緣無鋸齒狀，葉背有光澤。沒有太多種形狀。

無患子

無患子科

無患子的青嫩果實。這種幼果也會起泡。

DATA

Sapindus mukorossi

中文名稱	無患子
別　名	木患子、肥皂樹
分　類	闊葉樹／落葉樹／喬木／雌雄同株・異花
英文名稱	Indian soapberry
開花期	6月
結果期	10～12月
植栽地・棲息地	寺廟神社、公園、住宅區
原生地	新潟縣、茨城縣以西～沖繩縣、台灣
人為散布	日本東北南部以南
用　途	果皮可製成肥皂。種子可製作羽子板的毽球，也是念珠的原料。

雄花。盛開後馬上就會掉落。

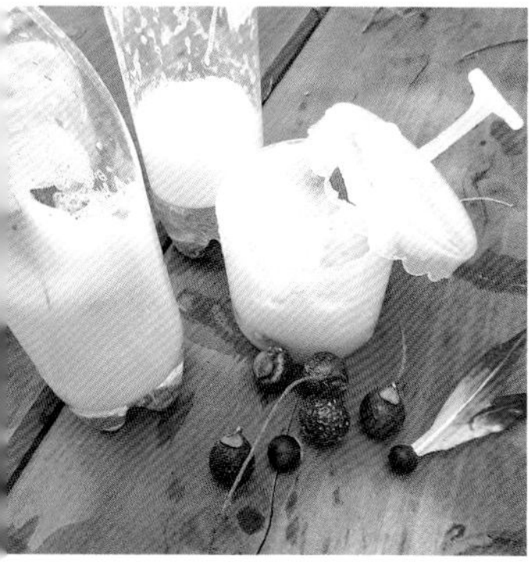

種子外殼的味道很像「都昆布」，我都把起泡後的味道形容為一股「沒幹勁的香氣」。

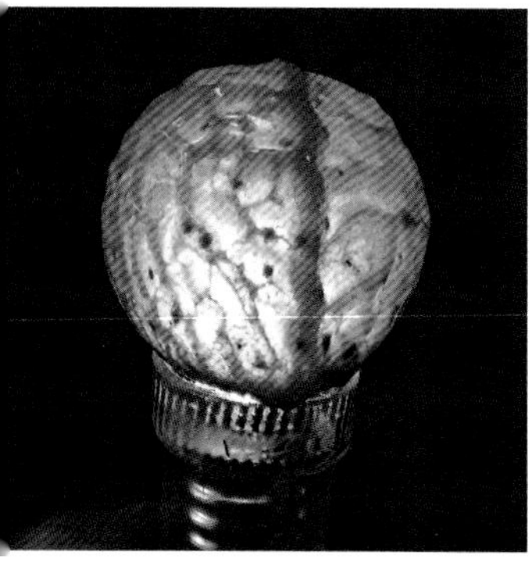

把果殼套在電燈泡上，好像玻璃藝術燈。

果實會起泡，是優秀的清潔劑

它的果皮含有皂苷，是古時候的肥皂，據說洗衣場或寺廟神社旁都有種植。果實裡的種子可用來製作羽子板的毽球。我會把黑色種子剝殼後炒來吃，口味像炒豆子。種子外殼的味道跟懷舊零食「都昆布」或「阿芳魷魚絲」很像。無患子的果皮起泡後，味道不太好，但是國外好像有不少人喜歡無患子，會添加香料後，製成洗髮精。種下黑色種子後，大約要兩年才會發芽。

皮膚會紅腫

木蠟樹

漆樹科

紅葉與果實

木蠟樹的木材，木心是黃色（與漆樹相同）。

照片提供／湧口善之

分布於關東以南。雌雄異株，從果實可萃取木蠟。對於低溫很敏感，氣溫一降到攝氏十度以下，葉片就會轉為紅葉。

臭椿

苦木科

葉緣上突出的部位是腺體（蜜腺）

會飛的種子

原產於中國。並非漆樹的同類，樹液不會造成皮膚紅腫。在日本有「神樹」的別稱。起初，人們似乎是為了養蠶而種植，現在數量增加許多，到處可見。

皮膚會紅腫

毛漆樹

漆樹科

毛漆樹的新芽。毛很濃密。

奇數羽狀複葉。皮膚碰到的話會過敏。

分布於北海道到九州。它和漆樹一樣，從果實可萃取木蠟，樹液能製成漆器的塗料，但要小心接觸後皮膚會紅腫。

其他類似的樹木

食茱萸 ➡ p.23

用樹葉分辨

臭椿
大片的奇數羽狀複葉，葉緣的突起部位和其他樹不一樣。葉子一被摘下就會起皺。

木蠟樹
奇數羽狀複葉，葉緣沒有鋸齒狀，無毛，葉形細長，葉梢尖。

無患子
基本上是偶數羽狀複葉，偶爾也會出現奇數。

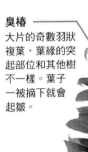

4 要腳踏實地呢？還是縮時速成？

在播種之後，樹木並不會馬上發芽。秋天撒下的種子，即使到了春天也幾乎不會發芽。這可能是因為氣候寒冷，即使發芽也無法存活，會被大自然淘汰的關係吧。有些種子甚至歷時兩年才會發芽。不過，就算在寒冬中發了芽，能長大的也不多。

長出芽之後，還需要很長一段時間才能熬到開花。日本有句俗語說：「桃栗三年柿八年。」意指桃樹、李樹發芽三年後，柿樹發芽八年後才會結果。其實，像桃子、栗子這樣三年就結果，速度已經算快了。聽說香橙要花上十五年到十八年才會結果。或許有人會很驚訝「怎麼要這麼久？」但對樹木來說，這是很正常的。

枇杷發芽了

扦插、嫁接

「扦插」是把枝條插在土裡，使其發根成長的方法。「嫁接」是在已經扎根的樹木（砧木）上，栽培另一株作物。植物的種類不同，使用的方法也不一樣，有些樹可以扦插或嫁接，有些樹就沒辦法。嫁接最重要的，是讓兩株作物的形成層（樹皮）成功地連接在一起。野生樹也會有樹枝與樹枝接觸時，因風吹磨擦等原因造成樹皮脫落，脫落的部分就這樣連接起來的情形。

人們會使用扦插或嫁接方式，有時是因為從播種到開花結果得耗時多年，無法等待那麼久，有時是透過這兩種方式，替無法僅憑種子繁殖的品種延續生命。為了預防蔬菜（果樹）根部生病，將它們嫁接在強壯的砧木上，也是一種方法。扦插的方式比較省時，但有時會出現根系無法充分延展的狀況。

對植物來說，從種子開始發芽到成長茁壯的存活方式，畢竟還是比較有利。

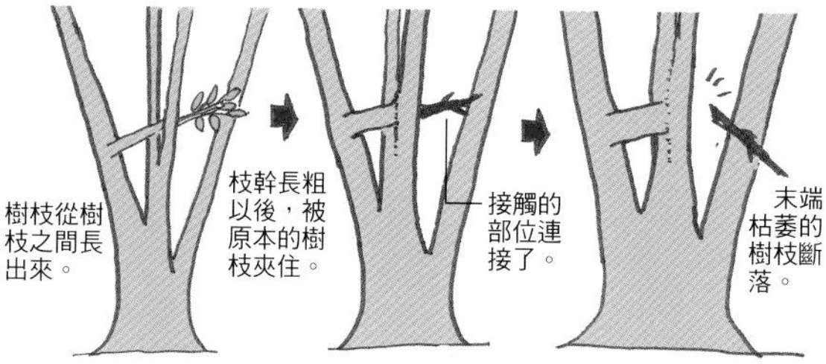
樹枝從樹枝之間長出來。
枝幹長粗以後，被原本的樹枝夾住。
接觸的部位連接了。
末端枯萎的樹枝斷落。

山櫻花（粉紅色的花）的根部從砧木大島櫻（白花）往上延展生長。

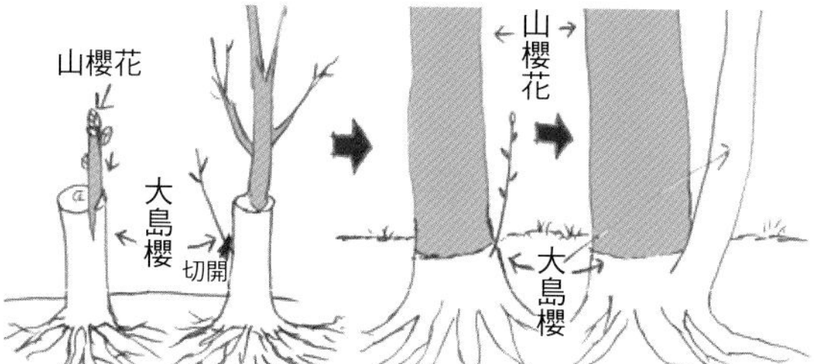
山櫻花
大島櫻
切開
山櫻花
大島櫻

第 5 章

分得清楚這些樹就是專家

木樨科

棉毛梣

春天盛開的棉毛梣花

DATA

Fraxinus lanuginosa

中文名稱	棉毛梣
別　名	小葉梣
分　類	闊葉樹／落葉樹／喬木／雌雄同株・同花
英文名稱	Japanese ash
開花期	4～5月
結果期	10～11月
植栽地・棲息地	住宅區、公園
原生地	北海道～九州
人為散布	北海道～九州
用　途	木材可製成球棒、網球拍等。也常做為庭園植木。

本身擁有會發光的元素

棉毛梣是著名的球棒製材，但它的生長速度緩慢，因此產量不多。近年，它逐漸取代了生長快速、修剪麻煩的光蠟樹，成為熱門的庭園植木。

將棉毛梣的樹枝剪下，插在水中並置於陰暗處，用紫外線燈照射，可看到樹液變成螢光色。除了棉毛梣以外，還有其他樹液會發光的樹，但棉毛梣發出的光特別明亮。至於為什麼會發出藍光，原因仍不明。

隨風紛飛的種子

在紫外線燈照射下發出藍光的樹液（日本七葉樹→p.54、臘梅→p.21也會發光）。

梣樹
木樨科

分布於日本東北到中部地方。日文名稱為「塗戶木」，這種樹的樹幹上有一種會分泌蠟液的白蠟蟲，傳聞人們會把蠟液塗在拉門（戶）上，使其拉動起來更滑順……不過這種說法有待商榷。

看似咖啡色的塊狀物是梣樹的花

冬芽，好像一頂梳了日式髮髻的假髮。

光蠟樹
木樨科

原本是生長於沖繩縣等地方的亞熱帶樹木。最近因為冬天的氣候愈來愈溫暖，關東地區也栽培了許多。其樹液會引來獨角仙。

光蠟樹的花。雌雄異株。

從縫隙間發芽的小小光蠟樹

梣葉槭
無患子科

原產於北美洲，別名Negundo楓。Negundo是它的學名。從生長在寒冷地方的梣葉槭，可以採集到楓漿。

從縫隙間長出來的梣葉槭

斑葉品種「火鶴」

其他類似的樹木

凌霄花 ➡ p.35
無梗接骨木 ➡ p.101
大柄冬青 ➡ p.127
櫸榆 ➡ p.129

用樹葉分辨

光蠟樹
有光澤的濃綠色樹葉。羽狀複葉的小葉有葉柄。

梣樹
比棉毛梣的葉子更像青草，葉片的水分偏多。葉背的葉脈有毛。

棉毛梣
奇數羽狀複葉，小葉片的基部好像打了一個結（梣屬的共通點）。

氣味

野茉莉

安息香科

花有香氣

DATA

Styrax japonicus

中文名稱 野茉莉
別　名 木香柴、山白果、野白果樹
分　類 闊葉樹／落葉樹／喬木／雌雄同株・同花
英文名稱 Japanese snowbell
開花期 5～6月
結果期 8～10月
植栽地・棲息地 公園、街道、住宅區、里山
原生地 北海道南部以南、台灣
人為散布 北海道中部以南
用　途 木材可製成將棋的棋子。青嫩果實可製成洗潔劑。

由貓爪扁蚜造成的蟲癭

青嫩果實被長角象鼻蟲啃出一個洞

冬芽有備用芽

脫除外皮，歡迎品嚐！

野茉莉原本是山林裡的樹種，最近也開始成為備受歡迎的庭院植栽，還出現粉紅色花的品種“Pink Chimes”。花朵在日照良好的地方會盛開，放眼望去熱鬧又漂亮。其樹皮散發一股獨特氣質，好像黑色陶器，不過在樹幹變粗以後就會改變了。

果實的皮含有皂苷，加水會起泡。因果實具有「鹼味」，日文名稱又叫「鹼樹」。它的果實一成熟就會自行褪皮，把種子積極推銷給鳥類品嚐。

大柄冬青

冬青科

分布於北海道到九州。雌雄異株，生長於山區。人們在住宅區看到它時，經常誤認為是棉毛梣（→p.124），但只要看到它特別明顯的短枝，就知道是大柄冬青了。

大柄冬青的花

紅色果實

葉背的葉脈浮起如靜脈血管。新葉亦可用來泡茶。

白檀

山礬科

分布於北海道到九州。青色果實很美，葉片比大柄冬青更大，觸感粗糙。

白檀的花

白檀的藍色果實和粗糙的樹葉

菱葉柿

柿樹科

原產於中國，別名「老鴉柿」。雌雄異株，會結出小小的澀柿果實。也有人用來當作盆栽。

菱葉柿的果實末端尖尖的

雌花
照片提供／森林小熊先生

其他類似的樹木
朴樹 ➡ p.128

用樹葉分辨

背面

菱葉柿
葉緣沒有鋸齒狀，而是些微的波浪狀。葉脈偏深，背面的葉脈有毛。

背面

白檀
葉片有毛，觸感粗糙。葉背的葉脈分布也像靜脈血管。

背面

大柄冬青
葉背的葉脈浮起如靜脈血管。

背面

野茉莉
幼葉時葉脈明顯，成長後就不顯眼了。葉緣的鋸齒狀也不明顯。

朴樹

大麻科

從前種在道路里程碑「一里塚」旁的朴樹

果實成熟時，從黃色變橘色。

小小的花

DATA

Celtis sinensis

中文名稱	朴樹
別　名	嗶啵樹、爆仔子樹
分　類	闊葉樹／落葉樹／喬木／雌雄同株・異花
英文名稱	Chinese hackberry
開花期	4～5月
結果期	9～10月
植栽地・棲息地	公園、住宅區、街道
原生地	日本東北中部～九州、台灣
人為散布	日本東北中部～九州
用　途	木材可用作建材、製造家具或器具，亦可做為柴薪。

聚集而來的蝴蝶有穿搭主題嗎？

樹幹表面有線狀枝痕，看起來好像某種刻度，又好像肚皮上的好幾層贅肉。其葉片是大紫蛺蝶等蝶類的食物，落葉也是蝴蝶們過冬的場所。紅褐色的果實中幾乎都是種子，果肉很少，不過滋味甘甜。鳥類吃下果實後，種子會隨著牠們排出的糞便掉落在地上而生根發芽，經常可見從電線桿底下長出的朴樹。聚集在朴樹上的生物可能比較節制，它不像桑樹那樣會被摧殘得體無完膚（p.80），感覺還挺得住。

朴樹發芽

樹皮上的線條像肚皮的贅肉紋。這是因為樹幹變粗以後，枝痕被橫向拉伸而造成的。

櫸榆
榆科

野生櫸榆分布於西日本，關東地區也有人工種植，其種子飛散後，會從水泥牆縫隙等地方長出來。它和麻櫟、枹櫟或光蠟樹一樣，會引來獨角仙和鍬形蟲。

秋天短暫開的花
照片提供／玉置真理子

拼圖般的樹皮

種子狀似圓盤，會隨風飛散。

棗樹
鼠李科

原產於南歐或中國。因為是夏天發芽的植物，日文的發音近似「在夏天發芽」。這種樹會長出多刺的分櫱枝，葉片含有令人暫時失去甜味味覺的物質，要是將之放在口中咀嚼後，再去吃金平糖的話，會像在咀嚼小石頭，吃棉花糖就像在咬衛生紙。

果實的味道像蘋果乾

小小的花

其他類似的樹木

櫸樹 ➡ p.108
糙葉樹 ➡ p.109
野茉莉 ➡ p.126

用樹葉分辨

棗樹
有三條明顯的葉脈，葉片具光澤。咀嚼葉片後再吃甜食，會暫時失去甜味的味覺。

櫸榆
形狀介於橢圓形與菱形之間，有絨毛，觸感粗糙。

朴樹
葉緣一半呈鋸齒狀，另一半無。葉片有光澤。

氣味

茜草科

梔子花

芳香馥郁的梔子花

DATA

Gardenia jasminoides

中文名稱	梔子花
別　名	山黃梔、山梔、玉堂春
分　類	常綠樹／闊葉樹／灌木／雌雄同株・同花
英文名稱	Gardenia、Gape jasmine
開花期	6～7月
結果期	10～2月
植栽地・棲息地	圍牆籬笆、公園
原產地	東海以西、中國
人為散布	日本東北中部以南
用　途	食用色素

花蕾狀似霜淇淋

種子在橘色果實之中

用梔子花果實染色的果凍

別插嘴！只添香與增色

自古以來，梔子花就被人們當作染料，從食品到衣服都能染色。樹上像棋盤腳形狀的物體，是梔子花的果實。梔子花在日文的發音近似「無嘴」，有「看人下棋不要插嘴」的意思。花很香，有時候會開重瓣。花蕾的形狀像霜淇淋，很漂亮。另有矮化的變種「水梔子」。咖啡透翅天蛾會吃梔子花葉片，牠的翅膀透明，常被誤認成蜜蜂，其實是蛾的同類。這種蛾的幼蟲只吃梔子花，即使觸摸牠，牠也很安分。

類似的樹木

茉莉花
木樨科

茉莉花，又稱為素馨。

茉莉花茶

阿拉伯茉莉常被用來泡製茉莉花茶。自古以來多有栽培，不耐寒。

鴛鴦茉莉
茄科

鴛鴦茉莉的花會從紫色變成白色

花很香

原產於熱帶美洲。別名「番茉莉」。本身含有神經毒素，要避免寵物誤食它而中毒。

咖啡屬
茜草科

花香類似茉莉花

咖啡果實

咖啡在日本常被當成觀葉植物栽種，但容易感染鏽病。花很香，據說果肉也很甘甜。

用樹葉分辨

水梔子
葉片比梔子花更小、更細長。

茉莉花
薄薄的葉片，葉脈比鴛鴦茉莉深一點。

鴛鴦茉莉
具有落葉樹的薄葉，無毛，葉緣也沒有鋸齒狀，葉脈很淺。

梔子花
葉緣沒有鋸齒狀，葉脈深邃，葉片有光澤。

沖繩栲

殼斗科

森林裡的沖繩栲，樹枝經常呈現很多勉強扭曲的形狀。

DATA

Castanopsis sieboldii

中文名稱	沖繩栲
別　名	椎栗、板椎、長椎
分　類	闊葉樹／常綠樹／喬木／雌雄同株．異花
英文名稱	Itajii chinkapin
開花期	5～6月
結果期	10～11月
植栽地・棲息地	寺廟神社、公園、住宅區
原生地	福島縣、新潟縣以西～九州
人為散布	日本東北以南
用　途	果實可食用、木材可製成木炭或栽培香菇的段木。樹皮可製作染料。

好像戴上「鬼太郎」假髮的橡實。兩年結果一次，無澀味，美味可口。

氣味

雄花有香氣

氣味

被認為與沖繩栲共生的絨紫紅菇，具有獨角仙的氣味。

斑葉沖繩栲。外型差異頗大，幾乎認不出來。

個性陰沉卻喜愛陽光

聽說香菇因為從椎木上長出而又叫「椎茸」。比起其他樹種，沖繩栲（為椎屬喬木）的根部生長處很陰暗，幾乎連雜草都長不出來（譯註：日文中的「根暗」形容個性陰沉的人）。森林裡的沖繩栲為了吸收陽光，只能用勉強的姿勢站立，簡直就像「JoJo立」（譯註：漫畫《JoJo的奇妙冒險》的角色會擺出各種特殊站姿）？最近，市面上開始出現斑葉沖繩栲，其外觀大不同，讓人差點認不出來。椎樹的果實可以油炒，滋味甘甜可口。我很喜歡不經修飾的沖繩栲。

烏岡櫟

殼斗科

五角形的芽（殼斗科常見特徵）

橡實的帽子好像針織的尖頭帽

分布於關東南部以西。最近常被種植為圍牆籬笆。木材可製成備長炭，果實的味道很苦。

胡頹子

胡頹子科

胡頹子的花具有芬芳的香氣

果實尖端冒出的是筒狀花萼遺留的特徵

斑葉園藝品種 “Gilt edge”

常綠胡頹子。因為它經常在製作苗床的時期結果，日文名為「苗代茱萸」。果實苦澀，也有名為“Gilt edge”的斑葉品種，酷似沖繩栲。最近，還有一種分布於中亞，名為「柳葉茱萸」的品種，在日本園藝市場推出時，卻取了「俄羅斯橄欖」的名字，真是混淆視聽啊！

其他類似的樹木
金木樨 ➡ p.106

用樹葉分辨

胡頹子
葉緣呈細微的波浪狀，看起來像鋸齒。葉背的絨毛偏白，夾雜一些咖啡色毛，好像雀斑。

烏岡櫟
硬挺渾圓的樹葉。葉緣有鋸齒狀，幼葉的葉背有絨毛，成葉後逐漸消失。

沖繩栲
強韌的葉片，雖然正面不起眼，葉背卻散發金銀光澤。有些葉片有不明顯的鋸齒狀，有些沒有。

木樨科

女楨（白蠟樹）

它會結出很多果實，冬天一到，鳥群紛紛過來啄食。

DATA

Ligustrum lucidum

中文名稱	女楨
別　名	白蠟樹、大葉蠟樹
分　類	闊葉樹／常綠樹／小喬木／雌雄同株．同花
英文名稱	Glossy privet
開花期	6～10月
結果期	10～12月
植栽地 棲息地	住宅、公園、街道、學校
原產地	中國、台灣
人為散布	日本東北中部以南
用　途	綠化樹

氣味芬芳的花

果實在剝皮後看起來像小葡萄，不過很苦。

去除苦味後煮泡的女楨咖啡，喝起來的味道像地瓜乾。

果實的外型像老鼠屎，卻吸引鳥群爭食

原產於中國的女楨是常綠樹，葉片的觸感很順手。女楨在日本叫做「唐鼠黐」，和原產日本的日本女楨（日本名為「鼠黐」）一樣，都有小小的紫色果實。這種果實的外型看起來很像老鼠屎，因而有了這樣的命名。不過，它的果實可以製成中藥材，以前還曾經是咖啡豆的替代品。我試著把它當成咖啡豆煮來喝，口感像是地瓜乾泡的茶。將它製成果凍，搭配鮮奶油一起吃，有一種萊姆葡萄乾的味道。現在這種樹到處繁殖，侵略性強的一面也得多多注意。

氣味

日本女楨
木樨科

日本女楨的花也很香

分布於日本東北中部以南，比起女楨，其高度、果實和葉片都比較小。

右邊透光看得到葉脈的是女楨，左邊透光看不到葉脈的是日本女楨。

刻脈冬青
冬青科

小小的刻脈冬青花

分布於日本東北中部以南。雌雄異株，在住宅區很常見。這種樹在山區裡也很普通，看到大家這麼喜愛種植，我都有點懷疑「不就是那個常見的刻脈冬青嗎？」它屬於根系較淺的樹木。

玩具般的紅色果實隨風搖曳，正在對鳥兒招手。

氣味

香桃木
桃金孃科

華麗的白花

原產於地中海沿岸，別名「香桃金孃」。葉子的香氣跟尤加利很像，也有人拿來當作香料。另有「祝福之樹」的別稱，常用於婚禮捧花。

果實可以吃……但很苦澀。

其他類似的樹木

竹柏 ➡ p.17　山茶花 ➡ p.85
鐵冬青、全緣葉冬青 ➡ p.141

用樹葉分辨

氣味

背面

背面

背面　觸感

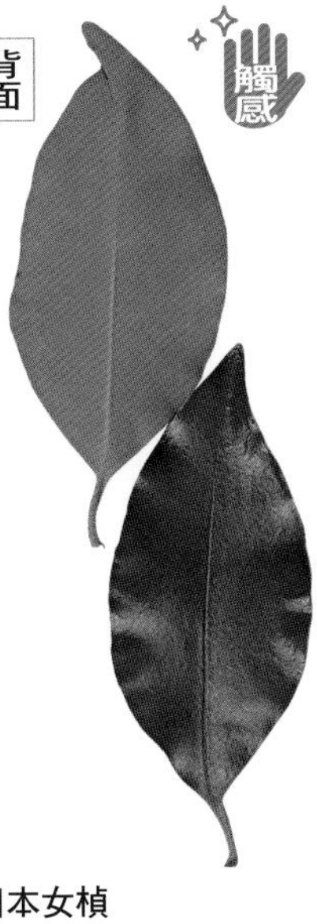

背面　觸感

香桃木
葉片就是迷你的日本女楨。無葉柄，葉梢尖。將葉片撕開，有一股口香糖的味道。

刻脈冬青
大部分葉緣都無鋸齒狀，葉梢尖。主葉脈筆直色淺。

日本女楨
葉片比女楨厚實一點，葉脈不透光。表面乾爽，具有點狀蜜腺。

女楨
葉緣無鋸齒狀、無毛，表面乾爽、觸感好。葉脈會透光。

柃木

山茶科

早春綻放，會散發花香的雄花。

雌花也有一樣的氣味

DATA	
Eurya japonica	
中文名稱	柃木
別　名	光葉柃木、細齒葉柃、日本柃木
分　類	闊葉樹／常綠樹／小喬木／雌雄異株、偶有同株・異花・同花
英文名稱	Japanese eurya
開花期	3～4月
結果期	9～11月
植栽地・棲息地	寺廟神社、公園、住宅區、里山
原生地	日本東北中部以南
人為散布	本州～沖繩縣
用　途	木材可製成籤箱或供品托盤。

黑色的果實，尺寸剛好讓鳥類方便入口。

種植在寺廟神社中

它的氣味有時像鹽味拉麵，又像動物園裡的味道

柃木和小葉楊桐一樣，常用來製作神龕上放供品的高腳托盤。它的花在早春盛開，其氣味很像「瓦斯味」，因此常有人誤以為瓦斯漏氣而通報消防單位。我家孩子說它有一股「動物園的味道」，確認後，果然很像大象區的氣味。還有人覺得像鹽味拉麵或醃漬白蘿蔔。把這一切加總起來聯想，柃木到底是何方神聖？怪盜〇〇嗎？晚秋盛開的濱柃花也有一樣的味道。

類似的樹木

濱柃
山茶科

氣味

晚秋綻放，氣味獨特的花。

在花期結果的黑色果實

天然生長於關東南部以西。耐海風，海岸邊常有人種植。和柃木一樣擁有獨特的花香，每到開花時期，總會有人誤以為誰家又在製作醃漬物了。

小葉楊桐
山茶科

小葉楊桐花

小葉楊桐的黑色果實

分布於日本東北的南部以南。寺廟神社裡常有種植。比柃木不耐寒，但很耐陰，即使其他樹木都因缺乏日照而枯萎了，它也能在幽暗的森林中生存下去。葉片沒什麼特徵，唯有鐮刀狀的小芽是辨識它的依據。

其他類似的樹木
茶梅 ➡ p.84

用樹葉分辨

小葉楊桐
葉緣無鋸齒狀，葉脈不明顯，缺乏特徵。只有狀似鐮刀的小芽可供辨識。

濱柃
葉片圓潤，葉梢凹陷。以主葉脈為中心，左右葉片反折。葉片有光澤。

柃木
葉梢有「屁股下巴狀」的凹陷。葉緣是弧度較小的鋸齒狀，葉片無毛。

柏科

日本扁柏

樹皮可用來鋪蓋屋頂

DATA

Chamaecyparis obtusa

中文名稱	日本扁柏
別　名	檜木
分　類	針葉樹／常綠樹／喬木／雌雄同株・異花
英文名稱	Japanese cypress
開花期	3～5月
結果期	10～11月
植栽地・棲息地	寺廟神社、公園
原生地	福島縣以南～九州
人為散布	北海道中部以南
用　途	木材。樹皮也可用於建材。

檜木澡桶很受歡迎

日本扁柏的毬果上寫著「檜」字。

檜

以木材的姿態長生

日本扁柏的日文名稱是「檜木」，說到檜木，大家都會想到檜木澡桶吧。檜木無論是被淋濕或削片，都會散發一股清涼的香氣。由於杉樹（日本柳杉）容易引發人們的花粉症，成了不受歡迎的樹木。其實，檜木也有花粉，但它的香氣卻扭轉了不好的形象。以檜木建造的法隆寺和藥師寺的寺塔，至今經歷了一千三百年的歲月，依然堅固耐用，木材的持久度相當驚人。比起活著時支撐自己的時間，檜木化為木材後支撐建築的時間更漫長，讓我覺得相當厲害。

柏科

日本柳杉

由於它會引發花粉症，瞬間成為人見人厭的植樹。其實它的木材是小至免洗筷，大至建築梁柱的原料，它的樹葉還可以製成香。日本柳杉也常用來製作酒樽桶，釀酒廠往往以杉樹的枝葉紮成「杉玉」（球狀物），來宣告新酒即將上市。

日本柳杉不耐旱，多半生長在潮濕的山谷裡。

柳杉的毬果裡有種子

柏科

日本花柏

木材的香氣比檜木微弱一點，可用來製作高腳膳盤。以前，人們把它種植為籬笆圍牆，但喬木會愈長愈高大，不易修剪。

日本花柏的毬果比日本扁柏的小

柔軟枝葉交錯生長的日本花柏圍牆

小學生看到樹幹上分泌的樹脂，都會問：「它怎麼流出麥芽糖汁？它還好嗎？」

柏科

矮雞檜葉

日本扁柏的園藝品種。經常被修剪成各種造型。從北海道西部到九州都有種植。

葉形小，樹高頂多只有十公尺。

它經常被修剪成這種造型

其他類似的樹木

龍柏 ➔ p.98
香冠柏 ➔ p.99

用樹葉分辨

葉背的白色氣孔線。
日本扁柏呈Y字形，
日本花柏呈H字形。

矮雞檜葉
很像密集的日本扁柏葉。

日本花柏
和日本扁柏很像，葉背的氣孔呈H字形。

日本柳杉
尖刺狀的樹葉，呈螺旋排列。

日本扁柏
魚鱗狀的樹葉。葉背有Y字形氣孔線（氣孔聚集的地方）。

觸感

山茶科

厚皮香

富有光澤的新葉

DATA

Ternstroemia gymnanthera

中文名稱	厚皮香
別名	紅樹、木斛
分類	闊葉樹／常綠樹／喬木／雌雄同株．同花
英文名稱	Mokkoku tree
開花期	6～7月
結果期	10～11月
植栽地．棲息地	住宅區、公園、寺廟神社、街道
原生地	關東南部以西～沖繩縣、台灣
人為散布	日本東北以南
用途	木材可做為建材，樹皮可製作染料

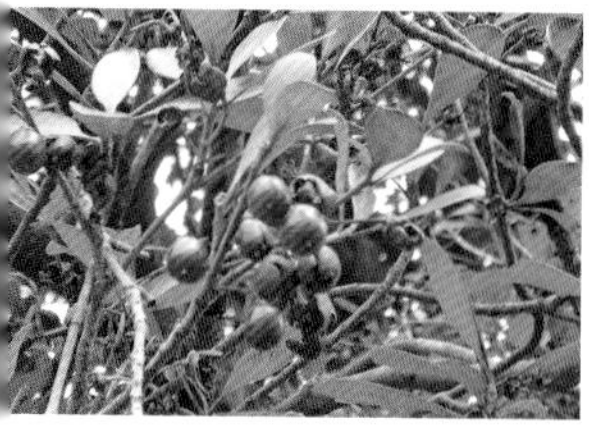

紅色果實裡有橘色種子

朝下開花

將樹枝砍掉後，過一陣子樹幹就會變紅。

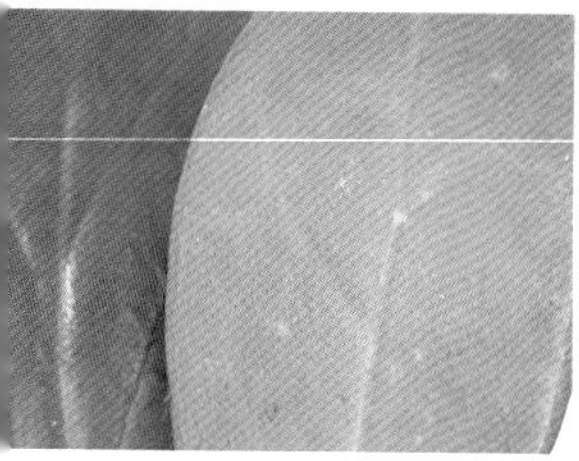

葉脈如靜脈血管浮現

悠哉緩慢地成長，樹葉像青椒

它的生長速度緩慢，每年只會長一點點，最適合當作庭園植樹。它那新長出來的葉子，表面光滑油亮，成葉的葉片會變厚，有一個小學生形容「好像青椒」。以前，我一直分不清楚厚皮香和全緣葉冬青，要是能早點聽到這個小學生的形容就好了。它的木材色澤偏紅，耐白蟻，可惜生長速度太慢，派不上用場。栗綠小卷蛾的幼蟲經常附著在葉片上，每次我打開樹葉一看，幼蟲都會嚇得驚慌失措，對牠們很過意不去。

全緣葉冬青

冬青科

全緣葉冬青的花

紅色果實

野生的全緣葉冬青分布於日本東北南部以南。人們經常以它代替竹柏（→p.17）種在寺廟神社裡。雌雄異株，結紅色果實的是雌木。

鐵冬青

冬青科

鐵冬青的雌花

紅色果實

白色樹皮

野生鐵冬青生長於日本關東以西，屬於氣候溫暖地區的樹木。北至日本東北南部仍有種植。雌雄異株，人們偏好會結紅色果實的雌木。

含笑花

木蘭科

氣味

含笑花的花，聞起來像綜合果汁。

觸感

柔軟的絨毛守護著花芽

原產於中國，人們經常將之種植在寺廟神社。有人說它的花香跟香蕉氣味很像，我認為除了香蕉，還摻雜了一點桃子香。

其他類似的樹木

竹柏 → p.17
海桐花 → p.93
日本女楨 → p.135
小葉楊桐 → p.137

用樹葉分辨

含笑花
葉柄短，葉片無特徵。樹枝和芽有蓬鬆的咖啡色毛。樹枝上有一圈線條，是木蘭科的特徵。

鐵冬青
樹葉無特徵，就是最典型的葉子，很容易畫出它的形狀。葉柄多為紫紅色。

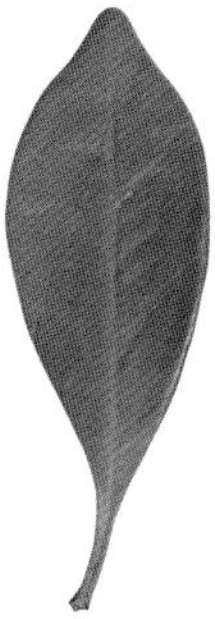
全緣葉冬青
不太有光澤，葉片有些微微起伏。一點也不像青椒。

厚皮香
葉片厚實有光澤，有時看起來像青椒。

索引

粗體字為單元標題，細體字為別名及其他。

路樹散步圖鑑：搞不太清楚的樹、認得出來就會很高興的樹

作　　者—岩谷美苗（IWATANI MINAE）
譯　　者—邱香凝
特約編輯—洪禎璐

發 行 人—蘇拾平
總 編 輯—蘇拾平
編 輯 部—王曉瑩
行 銷 部—陳詩婷、曾志傑、蔡佳妘、廖倚萱
業 務 部—王綬晨、邱紹溢、劉文雅

出 版 社—本事出版
台北市松山區復興北路333號11樓之4
電話：(02) 2718-2001　傳真：(02) 2718-1258
E-mail：motifpress@andbooks.com.tw
發　　行—大雁文化事業股份有限公司
地址：台北市松山區復興北路333號11樓之4
電話：(02) 2718-2001
傳真：(02) 2718-1258
E-mail：andbooks@andbooks.com.tw
封面設計—COPY
內頁排版—陳瑜安工作室
印　　刷—上晴彩色印刷製版有限公司
2023 年 10 月初版
定價　台幣480元

ISBN 978-626-7074-59-6
ISBN 978-626-7074-61-9（EPUB）

國家圖書館出版品預行編目資料

路樹散步圖鑑：搞不太清楚的樹、認得出來就會很高興的樹
岩谷美苗（IWATANI MINAE）／著　邱香凝／譯
—.初版.— 臺北市；本事出版：大雁文化發行，2023年10月
面　；　公分. –
譯自：散歩で見かける　樹木の見分け方図鑑
ISBN 978-626-7074-59-6（平裝）
1. CST: 樹木　2.CST: 植物圖鑑
436.1111　　　　112012034